에스테틱학

원리와 실제

에스테틱학 원리와 실제

초판 1쇄 발행 2026년 2월 13일

지은이 황지애, 이아름, 정선미, 김진의, 이다영, 이슬기
펴낸이 장길수
펴낸곳 지식과감성#
출판등록 제2012-000081호

교정 주경민
디자인 김희영
편집 김희영
검수 정은솔, 정윤솔
마케팅 김윤길

주소 서울시 금천구 벚꽃로298 대륭포스트타워6차 1212호
전화 070-4651-3730~4
팩스 070-4325-7006
이메일 ksbookup@naver.com
홈페이지 www.knsbookup.com

ISBN 979-11-392-3076-5(93590)
값 22,000원

지식과감성#
홈페이지 바로가기

AESTHETIC PRINCIPLES AND PRACTICE

저자 | 황지애 이아름 정선미 김진의 이다영 이슬기

에스테틱학 원리와 실제

에스테틱은 감각이 아니라, 원리다

지식과감성#

차례

제5장

에스테틱 윤곽 데콜테 관리

제6장

에스테틱 상담과 경영학

제1장

기초 피부학

AESTHETIC
PRINCIPLES AND PRACTICE

피부는 인체 최외곽에 있으면서 다양한 환경으로부터 몸을 보호하는 역할을 한다. 또한 인체 내부의 장기를 보호한다. 피부를 크게 나누자면 표피, 진피, 피하지방으로 나눌 수 있으며, 두께는 일반적으로 평균 1.4㎜ 정도이다. 피부 중 눈꺼풀이 가장 얇으며 발뒤꿈치가 가장 두꺼운 것으로 나타난다.

1. 표피

표피는 피부 중 가장 얇은 층에 해당하며 평균 두께는 손바닥의 경우 1.6~1.7㎜, 눈꺼풀의 경우 0.04~0.05㎜이다. 표피는 외부 환경으로부터 인체 내부를 보호하는 역할을 한다.

(1) 각질층

표피의 가장 최외각에 위치한 각질층은 무핵의 죽은 세포가 납작한 형태로 쌓여있는 형태를 띠고 있다. 각질층은 무핵의 얇은 세포층이 20~25개로 구성되어 있다. 각질층은 케라틴 단백질이 58%, 천연 보습 인자 38%, 지질 11% 등으로 되어 있고 평균적으로 각질층의 수분량은 15~20% 정도이다.

(2) 투명층

투명층은 손바닥과 발바닥에만 존재하는 층으로 2~3개의 층으로 되어있으며 각질층과 같이 핵이 없는 죽은 세포로 이루어져 있다. 반유동성 물질은 엘라이딘(Elaidin)이 존재하여 수분의 침투를 막고 빛을 굴절시켜 차단하는 특성이 있다. 따라서 물에 오래 있는 경우 손바닥, 발바닥이 쭈글쭈글해지는 것의 원인이 된다.

(3) 과립층

과립층은 케라토히알린이라는 케라틴 단백질이 주를 이루고 방추형 세포로 되어 있으며 각질층, 투명층과 마찬가지로 무핵의 세포로 이루어져 있다. 내부의 수분이 외부로 증발되는 것을 막아주고 외부 환경의 이물질이 침투하는 것을 막아주는 중요한 피부 방어막 역할을 한다.

(4) 유극층

표피층의 가장 두꺼운 유극층은 6~10층의 유핵 세포로 되어있으며 따라서 세포재생이 가능하다. 세포들의 모양이 마치 가시 모양처럼 서로 연결되어 유극층이라는 말 이외에도 가시층이라고도 부른다. 또한 면역 기능을 담당하는 랑게르한스 세포가 존재하는 층이다.

(5) 기저층

기저층은 하나의 세포층으로 되어있으며 유핵 세포로 존재한다. 기저층은 진피층의 유두층과 물결 모양의 경계를 이루고 있다. 진피의 모세혈관으로부터 산소와 영양분을 공급받으며 이를 통해서 새로운 각질 세포를 생성하고 분열시킨다.

(6) 표피 내 세포

1) 각질 형성 세포

표피는 28일을 주기로 각화 과정을 통하여 오래된 각질이 떨어져 나가고 새로운 각질을 계속해서 만들어내는데 이때 기저층에서 새로운 각질을 생성하는 세포를 각질 형성 세포라고 부른다.

2) 멜라닌 형성 세포

멜라닌 형성 세포는 기저층에 위치하고 있으며 멜라닌은 자외선으로부터 인체 내부를 보호하는 방어기전에 해당한다. 멜라닌 형성 세포는 마지 손가락 모양으로 뻗어 있어 수지상 세포라고도 부르며 신체가 자외선에 노출될 때 피부를 보호하기 위하여 멜라닌을 생성하게 된다. 기저층에서 형성된 각질 세포 사이사이에 멜라닌이 퍼짐으로서 자외선으로부터 신체 내부를 보호한다. 표피에 존재하는 멜라닌 형성 세포의 수는 피부의 색과 인종에 관계없이 1㎟당 1,300~1,500개 정도로 비슷하며 갈색, 빨간색을 띠는 페오멜라닌과 검은색, 고동색을 띠는 유멜라닌이 있는데 어떠한 멜라닌을 더 많이 생성하는가에 따라서도 인종이 나누어진다.

3) 랑게르한스 세포

랑게르한스 세포는 피부 내에서 면역 기능을 하는 세포이다. 피부 전반의 면역학적 반응을 일으키기 때문에 알레르기 반응, 바이러스 감염 방지 등의 역할을 한다.

4) 머켈 세포

기저층에 위치하여 촉각 신경의 자극을 뇌에 직접 전달하는 역할을 하는 촉각 수용체이다. 주로 구강 점막이나 피부의 표피에 위치하며 모발이 없는 손바닥, 발바닥, 입술 등에도 존재한다. 불규칙한 모양의 핵을 가지고 있는 머켈 세포는 신경 섬유의 말단과 연결되어 있다.

(7) 각질 세포 간 지질

세포 간 지질은 각질 세포 사이를 메워주는 역할을 하는데 세라마이드(40~50%), 지방산(30%), 콜레스테롤(15%), 콜레스테롤 에스테르(5%) 등으로 구성되어 있다. 세라마이드의 함량에 따라 피부결에 큰 차이를 보이는데 건강한 사람들의 경우에는 약 40% 정도가 함유되어 있고 아토피 피부염 환자나 피부가 많이 건조한 사람들은 상대적으로 세라마이드 함량이 부족하다. 각질층의 수분 유지 역할과 방어막으로 중요한 역할을 한다.

(8) 천연 보습 인자(NMF, natural moisturizing factor)

수용성 각질 세포 내 수분 유지 기능을 하는 물질로서 각질층의 중간층에 위치한다. NMF는 아미노산과 그 부산물, 젖산, 우레아, 단당류들로 구성되어 있다.

2. 진피

진피는 표피의 아래에 위치하고 있고 피부의 90%를 차지하는 치밀한 결합조직이다. 표피 두께의 20~40배의 해당하는 0.5~4㎜ 정도의 두께를 가지고 있으며 수분 함유량이 표피의 60% 정도로 상당히 많은 양을 차지하고 있다. 또한 콜라겐과 엘라스틴이 피부에 있어서 탄력을 유지하는 중요한 기능을 하고 있다.

(1) 유두층

표피의 기저층 밑에 유두 모양의 돌기를 형성하고 있는 유두층은 모세혈관이 존재하여 표피에 산소와 영양을 공급을 해준다.

(2) 망상층

진피의 유두층 아래에 위치한 망상층은 섬유 단백질인 교원 섬유(콜라겐, collagen)와 탄력 섬유(엘라스틴, elastin)로 마치 청바지의 실과 스판같이 일정한 방향의 망상 구조로 되어있다. 유두층과 달리 모세혈관이 거의 존재하지 않으며 한선(대한선, 소한선), 피지선, 신경 등이 분포되어 있다.

(3) 진피의 구성 성분

1) 교원 섬유(콜라겐, collagen)

교원 섬유(콜라겐, collagen)는 진피의 85~90%를 차지하고 있으며 청바지의 실처럼 피부의 탄력을 유지하는 기능을 한다. 또한 뼈와 인대 등에도 존재한다.

2) 탄력 섬유(엘라스틴, elastin)

탄력 섬유(엘라스틴, elastin)는 진피의 2~3%를 차지하며 청바지의 스판과 같이 피부가 늘어났다 돌아오는 기능을 한다.

3) 기질

기질은 진피 내의 섬유 사이사이를 채우고 있는 물질로서 진피 중량의 0.1~0.2% 비율을 차지하고 있다. 기질의 대부분은 히알루론산과 황산 등으로 이루어져 있다. 이를 뮤코 다당류(mucopolysaccharide)라고도 한다.

3. 진피 표피 연접(DEJ, dermoepidermal junction)

진피와 표피의 경계부는 기저 막대(basement membrane zone)로 이루어지며 진피에는 어떠한 성분도 쉽게 침투해서는 안 되기 때문에 무엇보다 중요한 기관이라 할 수 있다. 이 진피 표피 연접 때문에 표피에서 흡수된 일부 성분까지 쉽게 진피의 모세혈관에 진입할 수 없다.

4. 피하지방

진피와 근육, 골격 사이에 있는 부분으로 지방을 다량 함유하고 있어 피하지방층 또는 피하지방 조직이라고도 부른다. 그 두께는 신체 부위, 성별, 연령, 영양 상태에 따라 각각 다르다. 충격을 완화하기도 하고, 체온을 유지하기도 하며 호르몬도 분비된다.

5. 피부의 생리 기능

(1) 보호 기능

피부는 환경으로부터 몸을 보호하는 가장 중요한 기능을 한다. 피부에는 랑게르한스 세포가 존재하여 면역력을 담당함으로써 상처로 인해 침투될 수 있는 외부 유해 물질들을 막아주는 기능을 하며 물리적으로는 쿠션 기능을 하여 외부의 충격으로부터 몸을 보호한다.

(2) 지각 작용

피부는 머켈 세포를 통해 외부 환경의 변화를 수용하여 외부로부터 신체를 보호하며 압각, 촉각, 온도 감각, 통각을 알 수 있게 한다.

(3) 체온 조절 기능

피부는 땀샘과 피하지방을 통하여 체온을 조절하는 기능을 한다. 주변 온도가 비교적 높을 때는 땀을 배출하여 체온을 급격히 떨어뜨리고, 온도가 낮아질 때는 모세혈관을 확장시켜 피부 혈류량 변화시켜 온도를 올리고 입모근을 수축하여 땀 분비 또한 억제한다.

(4) 장벽 기능

피부의 각질 세포와 세포 간 지질은 마치 벽돌과 시멘트와 같은 역할을 수행하여 피부의 장벽 기능을 유지한다. 이를 라멜라 구조라고 하는데 각질 세포 사이사이를 세포 간 지질이 촘촘하게 메꾸고 있어 외부물질이 쉽게 침투할 수 없다. 단, 물과 같은 구조는 비교적 쉽게 피부층을 통과할 수 있는데, 이것은 피부 내 아쿠아포린(aquaporin)이 물 분자를 선택적으로 수송하기 때문이다.

(5) 수분 유지 기능

표피 내 천연 보습 인자는 각질 세포 사이사이에 존재함으로서 피부의 수분을 끌어당기고 이를 유지하는 기능을 한다.

(6) 피부의 pH

보통 사람의 피부는 pH 4.5~6.5의 산성 범위에 속한다. 세안 후에도 피지와 땀 중의 젖산에 의해 피부는 약산성을 띠게 된다. 단, 지성 피부 일수록 pH가 낮고 건성 피부일수록 pH가 높아 알칼리성으로 나타난다. 여러 가지 요소들로 인하여 피부는 약산성의 피지막을 형성하고 있고 외부로부터 인체를 보호하고 노화 현상이 시작되면 약산성막이 분해됨으로써 피부에 닿는 많은 것들로부터 피부 스스로가 보호하는 능력이 현저히 떨어지게 된다.

제2장

에스테틱 근육학

1. 우리 몸 전체 흐름 알기

(1) 몸의 구성 구조

우리 몸을 구성하는 즉, 에스테틱에서 다루는 종류에는 피부를 제외하고 근육, 근막, 림프, 경락 등이 있다. 피부는 우리 몸의 가장 큰 보호기관으로 이들을 감싸고 있다고 보면 된다. 하나씩 아주 간단하게 살펴보자.

1) 근육

근육은 수축과 이완을 통해 움직임을 생성하고 바디라인 형성, 탄력을 유지하는 역할을 한다.

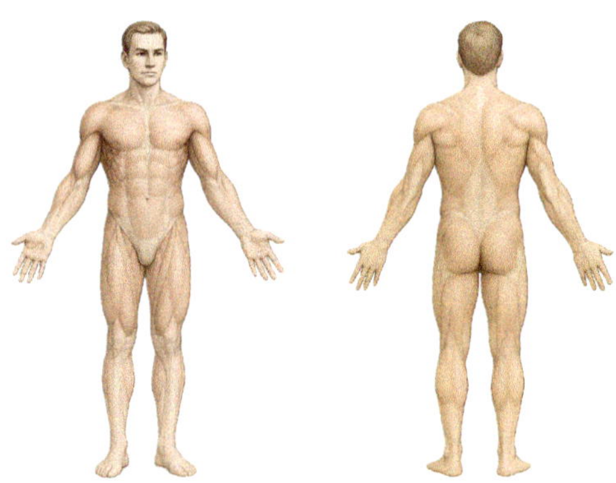

2) 근막

근막은 근육을 감싸는 얇은 결합조직으로 긴장, 유착 시 통증·순환을 저해한다. 보통 우리가 만질 수 있는 근육이라고 생각하는 것이 근막이라고 보면 된다.

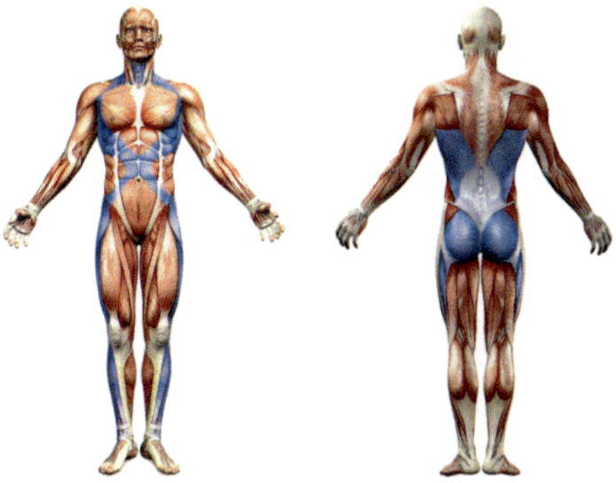

3) 림프

림프는 노폐물 배출을 담당하는 순환계로 부종·피부 톤 관여의 핵심이다.

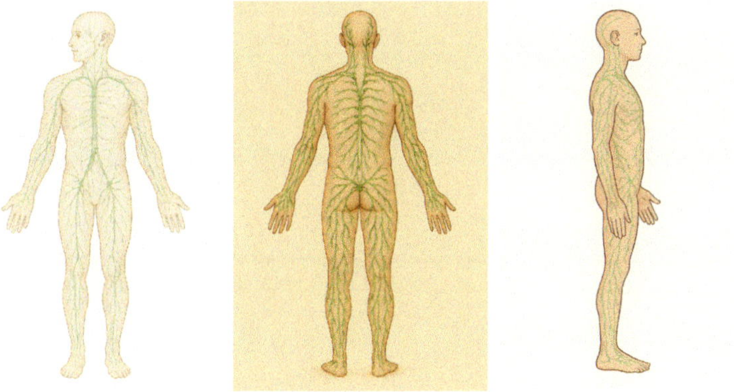

4) 경락

경락은 에너지와 림프 흐름의 통로로 얼굴, 전신 순환에 도움을 준다. 경락에 대해서는 제4장 에스테틱 경락학에 자세히 나와 있다.

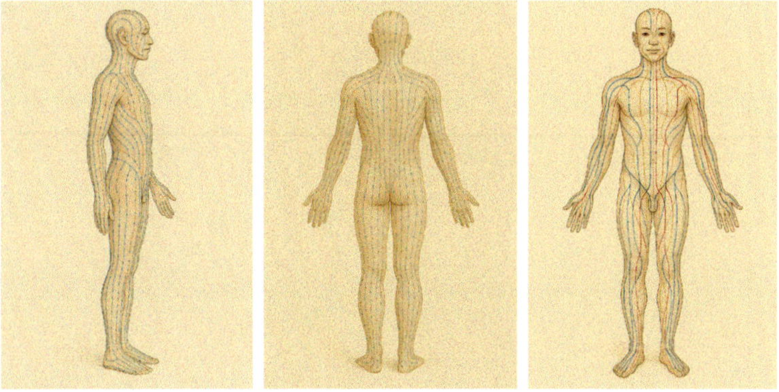

(2) 전신 스트레칭

이제 본격적으로 우리 몸의 전체적인 관리를 시작하기 전에 전신 스트레칭을 하는 이유를 이미 알고 있는 사람도 있고, 의문을 갖는 사람도 있을 것이다. 에스테틱에서는 전신 스트레칭을 통해 몸 전체의 흐름을 먼저 이해하고 난 뒤 관리에 들어가는 것이 좋다. 필자가 전신 스트레칭을 가장 먼저 실시하는 이유는, 잘못된 자세를 교정해 올바르고 편안한 자세를 만들어 주기 위함이다. 고객이 누웠을 때, 혹은 내가 직접 누워 봤을 때 가장 편하다고 느끼는 자세가 실제로는 삐뚤어져 있는 경우가 매우 흔하다. 그렇기 때문에 이러한 부분을 먼저 바로잡고 나서 관리를 진행해야 관리 효과를 극대화할 수 있다.

(3) 전신 스트레칭과 근육의 관계

현대인들은 컴퓨터와 휴대폰 사용으로 인해 바르지 않은 자세가 기본이 되어 있다. 하지만 이렇게 틀어진 자세로 계속 생활하다 보면 근막의 탄력과 강도가 고르지 않게 되고, 뒤틀린 상태가 지속되면서 통증이나 담이 생기기 쉽다. 근막이 당겨지면서 관절이나 근육에 통증이 나타나고, 결국 딱딱하게 굳어지곤 한다.

나쁜 자세로 인해 굳어진 근막은 관절과 근육에도 영향을 미쳐 다양한 통증을 유발할 수 있으며, 심하면 이는 병적 증상으로 이어지기도 한다. 또한 문제성 피부로 겉으로 드러나는 경우도 있다. 그래서 피부 관리를 할 때 바디 관리를 함께 진행하면 문제성 피부 개선 효과가 더욱 높아진다는 말을 흔히 들을 수 있다. 바디 관리가 어렵더라도 데콜테 관리만이라도 하는 것이 좋다.

이처럼 근막 이완에 도움이 되는 호흡과 전신 스트레칭을 통해 먼저 몸의 문제점을 파악하고 가볍게 풀어주면, 근막이 제 위치로 돌아가 가동 범위가 넓어지고 건강한 자세를 되찾을 수 있다.

그렇다면 스트레칭은 어떻게 해야 올바르게 하는 것일까? 스트레칭을 할 때는 자신이 가능한 범위 안에서 무리하지 않고 진행해야 하며, 움직이기 어려운 지점이 있다면 호흡을 천천히 맞춰가며 접근하는 것이 중요하다.

스트레칭으로 근육이 이완되면 혈액순환이 원활해지고, 이는 피부 세포에 더 많은 산소와 영양분이 공급되는 결과로 이어진다. 즉, 산소 공급이 활발해지기 때문에 문제성 피부에도 긍정적인 효과를 줄 수 있다.

◆ 스트레칭 전 바디 체크

1. 얼굴의 시선이 정면을 보고 있는가?
2. 양쪽 귀의 높이가 같은가?
3. 어깨의 좌우 높이가 같은가?
4. 팔을 가볍게 떨어뜨리고 서 있는 자세에서 양쪽 겨드랑이의 폭이 같은가?
5. 뒤에서 관찰하였을 때 날개뼈의 위치가 같은가?
6. 척추의 비뚤어짐이 눈으로 관찰되는가?
7. 골반의 좌우 높이, 앞뒤로 같은 면상에 존재하는가?
8. 골반의 빠짐이 관찰되는가?
9. 양쪽 다리의 근육 부피가 비슷하게 보이는가?
10. 무릎에서 슬개골의 위치가 위, 아래, 좌, 우로 위치함이 같은가?
11. 발의 족궁(아치)이 있는가?

2. 몸을 열어주는 호흡

케어 전 호흡을 진행하는 이유는 안정감과 신뢰감을 형성하고, 교감신경을 진정시키며 부교감신경을 활성화해 긴장을 완화하기 위함이다. 교감신경이나 부교감신경 중 하나가 과도하게 활성화되어 있으면, 아무리 관리를 잘해도 관리 효과가 100% 발휘되지 않을 수 있다.

그래서 고객에게 맞는 아로마를 먼저 선택해 가볍게 발향한 뒤, 호흡을 유도하며 케어를 시작한다. 같은 고객이라도 스트레스나 수면 상태에 따라 자율신경계(교감신경·부교감신경)의 상태가 달라질 수 있으므로, 그때그때 맞는 아로마를 선택하는 것이 좋다.

호흡을 시작하면 깊은 호흡을 통해 산소 공급이 늘어나 근육 이완과 혈류 개선이 이루어진다. 호흡 시 횡격막과 복횡근이 함께 움직이는데, 숨을 들이마실 때는 횡격막이, 강하게 내쉴 때는 복횡근이 작용한다. 이 과정에서 등의 중심근육인 척추기립근과 다열근, 그리고 골반저근이 함께 작용해 척추와 골반이 안정되고, 몸이 편안하게 릴렉스되며 중심의 축이 잡힌다.

이처럼 중심축이 잡히면 몸의 유연성이 향상되고, 바른 자세를 유지하는 데에도 도움이 된다.

(1) 자율신경계 호흡법

호흡하는 방법은 다양하다. 그중 필자가 오랜 경력 속에서 관리에 활용해 온 호흡법은 '4-2-6 호흡'이다. 4초 동안 들이마시고, 2초간 멈춘 뒤, 6초 동안 천천히 내쉬는 방식이다.

"천천히 들이마시고, 잠시 멈췄다가, 이제 끝까지 내뱉을게요."와 같이 안내하며 호흡을 맞춰주어 고객이 편안하게 따라올 수 있도록 유도한다.

(2) 자율신경계 호흡법 효과

1) 긴장, 불안한 고객

복식호흡과 4-2-6 호흡을 적극 활용하여 심박수를 안정화시킨다.

긴장, 불안함이 큰 고객은 교감신경이 과하게 활성화되어 있는 상태기 때문에 릴렉스해 줄 수 있는, 부교감신경을 활성화하는 에센셜오일과 함께 진행해 주면 효과를 극대화할 수 있다.

2) 호흡이 얕고 빠른 고객

배가 부풀어 오르도록 천천히 들이마시는 연습부터 시작한다.

호흡이 얕고 빠른 고객 역시 교감신경 활성화 상태로 이때는 호흡이 횡격막까지 깊이 내려가지 않고 가슴 위쪽에서만 얕게 반복되며, 산소 교환이 비효율적이라 몸은 더 흥분 상태로 유지된다. 그래서 부교감신경을 활성화해 주는 에센셜오일을 추천한다.

3) 불면증·스트레스 많은 고객

마무리에 4-2-6 호흡법을 적용해 깊은 이완을 유도한다.

불면증과 스트레스가 많은 고객의 경우 역시도 교감신경이 활성화되어 있는 상태다. 다만, 고객에 따라 낮에 부교감신경이 활성화되고 밤에 교감신경이 활성화된다면 바뀐 부분을 맞춰주기 위해선 낮에 교감신경을 활성화해 주는 에센셜오일도 추천한다.

4) 고령 고객

너무 깊은 호흡보단 편안한 리듬 유지를 강조하고, 무리는 금물이다.

고령 고객의 경우 편안하게 에센셜오일을 활용한 편안한 호흡이 중요하다. 교감신경이 활성화되어 있는 분이라면 릴렉스되는 에센셜오일을 추천하고, 부교감신경이 활성화되어 있다면 활력을 위해 교감신경을 깨워줄 수 있는 에센셜오일도 추천한다.

(3) 호흡 근육

앞서 호흡의 효과를 살펴보았다면, 이번에는 호흡 시 사용되는 근육들에 대해 알아보고자 한다.

먼저 들숨인 흡기에 관여하는 주요 근육은 횡격막, 외늑간근, 그리고 내늑간근(늑연골 사이 부분)이다. 흡기 시에는 횡격막이 수축하며 아래로 내려간다.

또한 보조근육으로는 흉쇄유돌근, 사각근, 대흉근, 소흉근, 전거근 등이 사용된다.

이제 해당 근육들을 하나씩 살펴보면 다음과 같다.

1) 횡격막(Diaphragm)

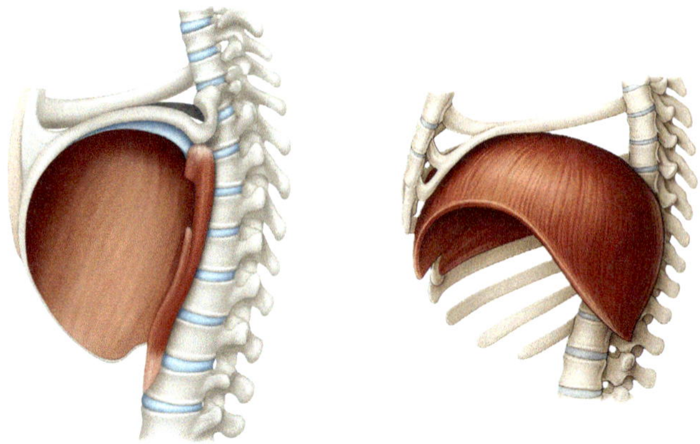

기시	흉골(검상돌기), 늑골(6L3)
정지	횡격막 중앙 건판(Central tendon)
기능	호흡 주근육(수축 → 들숨, 이완 → 날숨)
임상효과	- 호흡 패턴과 밀접 - 복부 마사지·호흡법에 따라 림프 순환, 체형 교정 효과
신경지배	횡격신경(C3~C5)

이렇게 횡격막은 가장 중요한 들숨근으로 전체 들숨 공기의 약 70~80%는 횡격막 수축으로 이루어진다. 수축 시 돔 형태였던 횡격막이 아래로 내려가면서(하강) 흉곽 용적을 증가시킨다. 이때 복강 내 장기가 약간 압박되면서 복부가 돌출되는 것이다.

2) 외늑간근(Intercostal muscles)

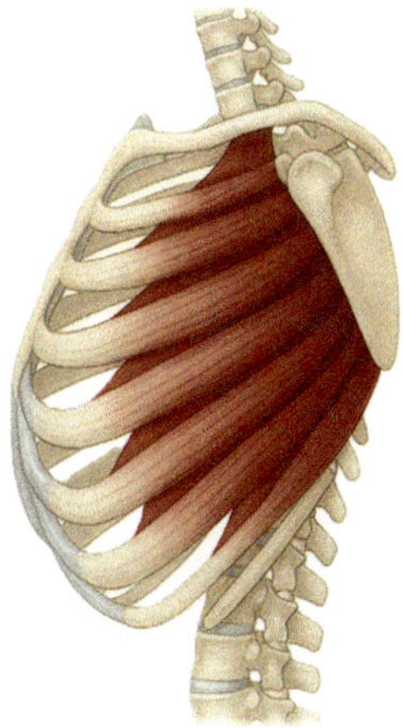

기시	늑골 사이
정지	늑골 사이
기능	호흡 보조(외늑간: 들숨, 내늑간: 날숨)
임상효과	- 호흡 제한 시 뻐근함 - 호흡 훈련 시 흉곽 확장, 상체 라인 개선
신경지배	늑간신경(T1~T11)

늑간근은 늑골 사이를 대각선 방향으로 연결한 근육으로 수축 시 1·2번 늑골을 들어 올려 들숨을 보조한다. 깊은 들숨이나, 격한 호흡 시 활성화된다. 예로는 운동, 호흡곤란 등이 있다.

3) 흉쇄유돌근(SCM, Sternocleidomastoid)

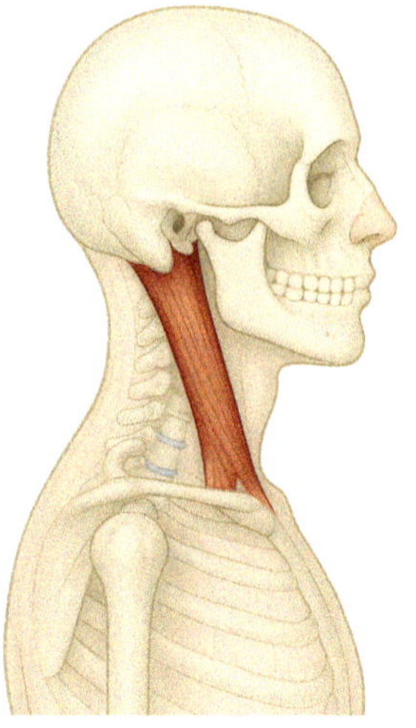

기시	흉골병, 쇄골 내측 1/3
정지	측두골 유양돌기
기능	- 한쪽 수축 → 반대쪽 회전 + 같은 쪽 측굴 - 양쪽 수축 → 경부 굴곡
임상효과	- 긴장 시 거북목, 두통, 턱선 비대칭 - 이완 시 목 길어짐, 브이라인 개선
신경지배	부신경(CN XI), 경신경(C2~C3)

보통 강한 들숨 시에 작용하여 흉골을 들어 올리고 상부 흉곽의 확장을 돕는다. 평상시 호흡에는 거의 사용되지 않고 보조호흡근으로 긴장하거나 숨이 가쁠 때 사용된다.

4) 사각근(Scalene muscles: 전·중·후)

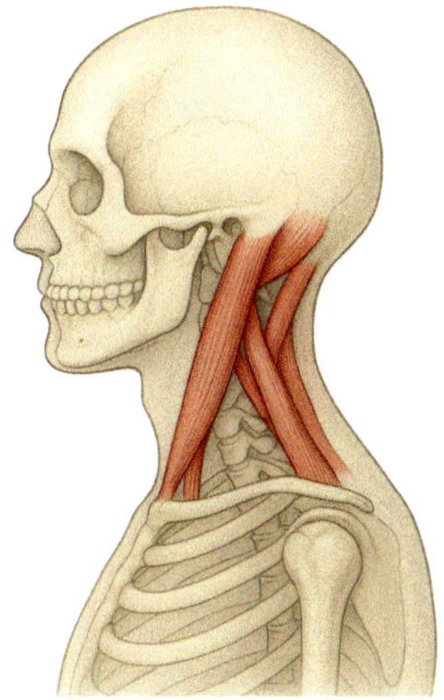

기시	C2~C7 횡돌기
정지	1·2번 늑골
기능	목 측굴, 호흡 보조(늑골 거상)
임상효과	- 단축 시 어깨·목 긴장, 호흡 얕아짐 - 이완 시 호흡 깊어지고 승모근 긴장 완화
신경지배	경신경총(C3~C8)

수축 시 1·2번 늑골을 들어 올려 들숨을 보조하고 깊은 들숨이나 격한 호흡 시 활성화된다.

5) 대흉근(Pectoralis Major)

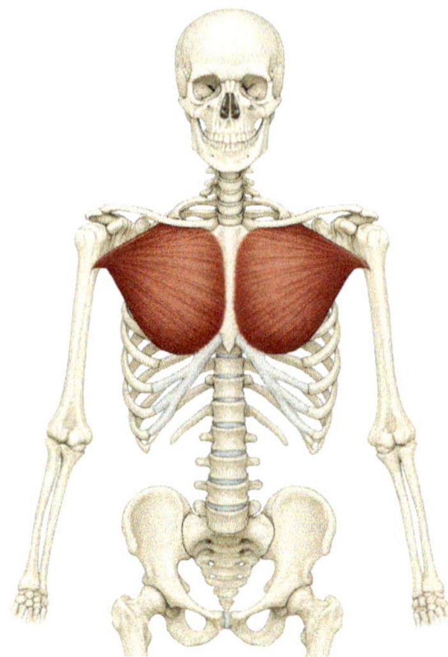

기시	쇄골 내측 1/2, 흉골 전면, 1~6번 늑연골
정지	상완골 결절간구 외측순
기능	어깨 굴곡, 내전, 내회전
임상효과	– 과긴장 시 어깨 말림·흉곽 압박 – 이완 시 데콜테 라인 예쁨, 가슴골 정리
신경지배	외·내측 흉근신경(C5~T1)

팔이 고정되어 있을 때 대흉근이 상완을 통해 흉곽을 들어올려 강제 들숨을 보조한다. 여기서 고정되어 있는 자세는 팔을 고정하고 상체를 고정한 상태인데 호흡곤란 시 팔을 짚고 있는 상태를 예로 들 수 있다.

6) 소흉근(Pectoralis Minor)

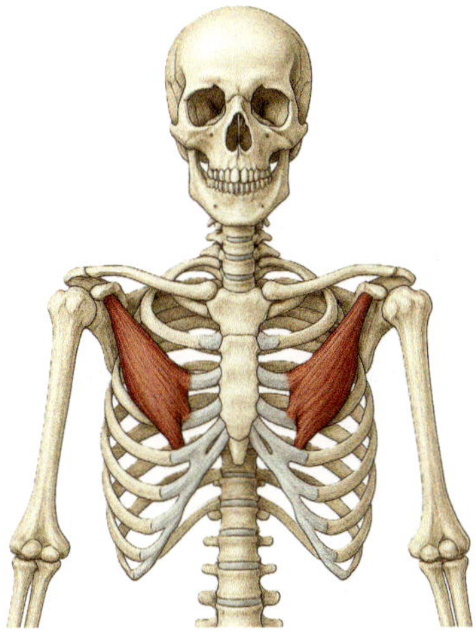

기시	3~5번 늑골
정지	견갑골 오훼돌기
기능	견갑골 하강·전인, 늑골 상승 보조
임상효과	- 단축 시 어깨 말림·가슴 답답함 - 이완 시 호흡 개선, 흉곽 열림
신경지배	내측 흉근신경(C8~T1)

소흉근 역시 팔이 고정되어 있을 때, 3~5번 늑골을 직접 들어 올려 강제 들숨을 보조한다.

7) 전거근(Serratus Anterior)

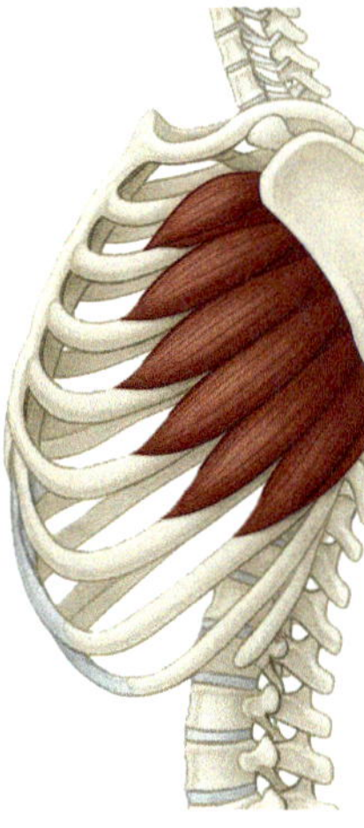

기시	1~8번 늑골
정지	견갑골 내측연 전면
기능	- 견갑골 전인, 상방회전 - 흉곽 고정
임상효과	- 악화 시 들뜨는 견갑 - 강화 시 옆구리 라인·체간 안정화
신경지배	장흉신경(C5~C7)

전거근은 견갑골을 안정화시키고 견갑골을 전방으로 밀면서 늑골을 당겨 늑골 상승을 돕는 보조 역할을 하는 들숨근이다. 특히 운동 중이나 호흡이 깊을 때 활성화된다.

들숨을 요약하자면 들숨 시에 횡격막이 아래로 내려가고 늑간근이 늑골을 들어 올리고 목과 가슴의 보조근(사극근, 흉쇄유돌근, 대·소흉근, 전거근)이 추가로 작용하면 흉곽 용적이 커지고 폐 내압이 낮아져 공기가 유입된다. 여기서 용적은 부피를 뜻하며, 단순한 크기 변화가 아닌 폐안에 공기가 들어올 수 있는 공간이 넓어진다는 뜻이다.

다음은 날숨인 호기를 알아보면 호기는 내쉬는 숨으로 횡격막과 늑간 근육이 이완되면 탄력장

력에 의해 흉강의 크기가 작아져서 폐의 부피가 원래대로 줄어든다. 즉, 날숨 시 흉강의 용적이 감소하면서 폐가 수축하고 내부 압력이 올라가면서 공기가 밖으로 배출된다.

8) 내늑간근(Intercostal muscles)

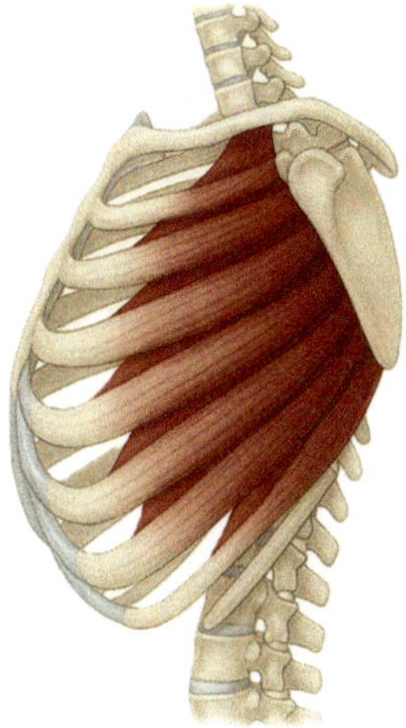

기시	늑골 사이
정지	늑골 사이
기능	호흡 보조(외늑간: 들숨, 내늑간: 날숨)
임상효과	- 호흡 제한 시 뻐근함 - 호흡 훈련 시 흉곽 확장, 상체 라인 개선
신경지배	늑간신경(T1~T11)

늑간근 중 들숨 시에는 외늑간근이 작용했다면 날숨 시에는 내늑간근이 작용한다. 수축 시 늑골을 아래·안쪽으로 당겨서 흉곽을 좁히고 부피를 줄인다. 보통 강제 호기 시에 작용하는데 예로는 말하기, 노래, 운동 시에 작용한다.

9) 복직근(Rectus Abdominis)

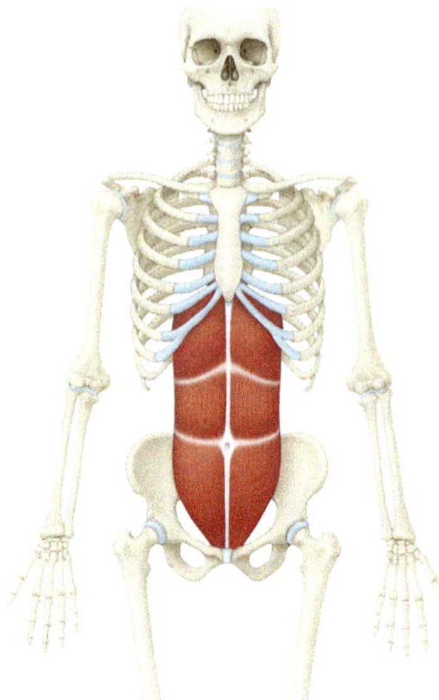

기시	치골능, 치골결합
정지	5~7번 늑골, 검상돌기
기능	체간 굴곡, 복부 압력 유지
임상효과	– '초콜릿 복근' 형성 – 과긴장 시 회전 제한·허리 통증
신경지배	늑간신경(T6~T12), 장골하복신경(L1)

수축 시 복강 내압을 증가시켜 횡격막을 위로 밀어 올리는데 흉강이 작아지고 공기가 밀려 나간다. 강제 호흡 시 매우 중요한 역할을 한다.

10) 외복사근(External Oblique)

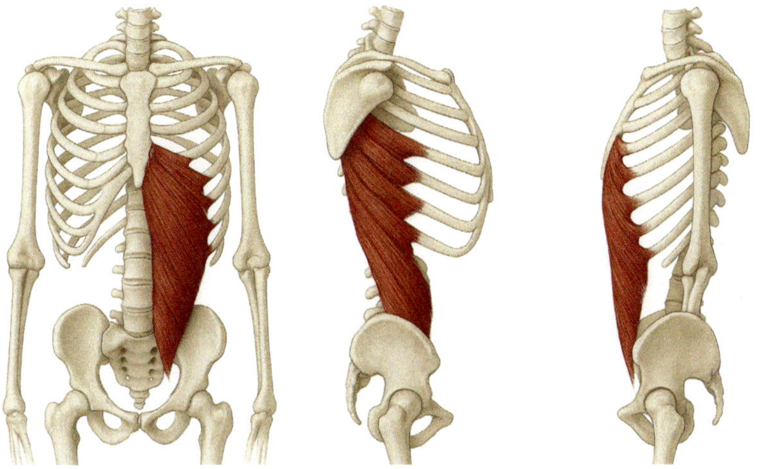

기시	5~12번 늑골
정지	장골능, 치골결절, 복건막
기능	- 한쪽: 반대쪽 회전·측굴 - 양쪽: 체간 굴곡
임상효과	- 약화 시 골반 전방경사·체형 불균형 - 타이트 시 옆구리 뻐근함, 허리 긴장
신경지배	늑간신경(T5~T12)

수축 시에 복부를 압박하고 늑골을 아래로 끌어내려 흉곽이 줄어들고 복압이 증가하여 횡격막이 위로 밀려 올라가며 날숨이 일어난다. 또한 한쪽만 수축하면 몸통을 반대쪽으로 회전시키는 작용도 한다. 이해가기 쉽게 예를 들자면 오른쪽 외복사근은 몸통을 왼쪽으로 돌리는 역할을 한다.

11) 내복사근(Internal Oblique)

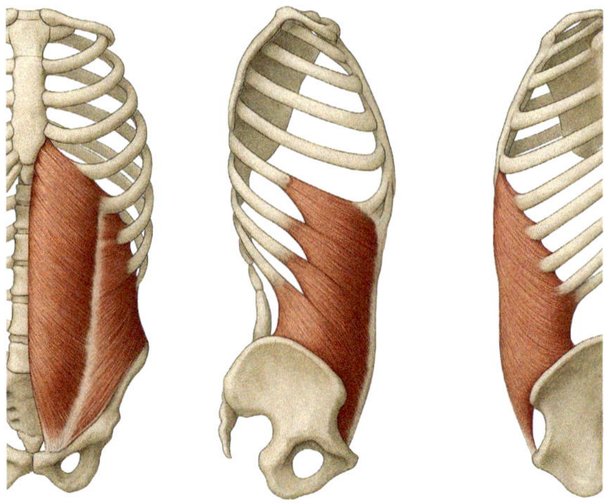

기시	서혜인대 외측 절반, 장골능 앞 2/3
정지	9~12번 늑골, 복건막
기능	- 한쪽: 같은 쪽 회전·측굴 - 양쪽: 체간 굴곡
임상효과	- 상부 복부 안정 - 약화 시 복부 라인 무너짐
신경지배	늑간신경(T10~L1)

내복사근 역시 수축 시 복부를 압박하고 흉곽을 아래로 당겨 강제 날숨을 돕는다. 하지만 회전 시에는 외복사근과 반대로 한쪽만 수축할 때는 몸통을 같은 쪽으로 회전시키는 작용을 한다. 예를 들자면 오른쪽 내복사근이 몸통을 오른쪽으로 돌린다.

12) 복횡근(Transverse Abdominis)

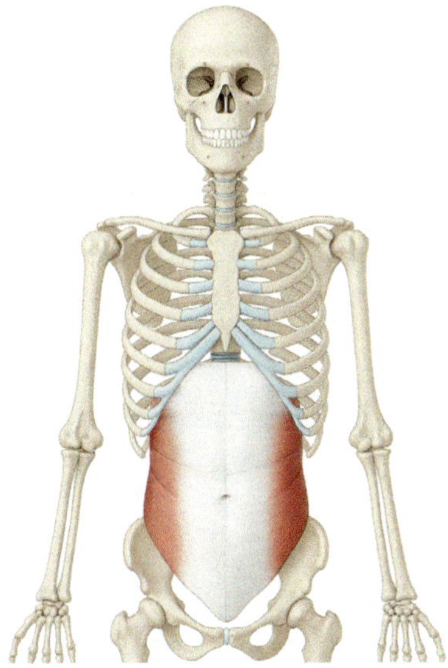

기시	서혜인대, 장골능, 흉요근막, 늑연골 7~12
정지	치골능, 장치골선
기능	복압 유지·증가, 체간·골반 안정화
임상효과	코어 핵심, 허리 불안정 교정, 호흡 트레이닝 효과 ↑
신경지배	늑간신경(T7~T12), 장골하·장골서혜신경(L1)

복횡근은 허리를 조여 복압을 강하게 높이는 작용을 하며, 외·내복사근, 복횡근 세 근육이 함께 복벽을 압박해 내부 장기를 위로 밀고 횡격막을 위로 밀어 올려 복부전체를 안쪽, 위쪽으로 끌어당겨 강제 날숨 시 공기를 빠르게 배출하게 만든다.

(4) 호흡 종류

앞서 호흡 시 사용되는 근육과 원리를 살펴보았다면, 이번에는 호흡의 종류에 대해 알아보고자 한다.

호흡은 크게 조용한 호흡(정상 호흡)과 활동적 호흡으로 나눌 수 있다.

먼저 조용한 호흡은 평상시에 무의식적으로 이루어지는 자연스러운 호흡으로, 별도의 에너지를 거의 사용하지 않는다. 주로 횡격막과 외늑간근만 사용되며, 근육의 긴장도가 낮아 날숨이 수동적으로 이루어진다. 즉, 우리가 평소에 하는 호흡으로 에너지 소비가 적고 배가 부풀어 오르는 복식호흡 형태이다. 또한 조용한 호흡은 교감·부교감 신경의 균형을 유지하는 데 중요한 역할을 하며, 특히 부교감신경을 더 활성화하는 호흡이라 할 수 있다. 수면, 명상 등 안정이 필요한 상황에서 사용되는 호흡이 바로 이것이다.

다음으로 활동적 호흡은 에너지 소모와 근육 사용량이 많은 호흡이다. 운동, 말하기, 노래, 기침 등 의식적이고 강제적인 호흡이 여기에 해당한다. 활동적 호흡에서는 들숨과 날숨 모두 보조근이 사용되며, 앞서 언급한 여러 호흡근들이 함께 작용해 공기 흐름을 조절한다. 조용한 호흡이 복식호흡 중심이라면, 활동적 호흡은 흉식 또는 흉·복식 혼합 호흡에 가깝다. 또한 교감신경이 활성화되는 호흡으로, 운동·발성·기침·스트레스 상황처럼 몸을 적극적으로 움직일 때 나타난다. 운동 중 호흡수가 증가하는 이유도 교감신경의 활성 때문이다. 여담이지만, 흔히 '숨쉬기 운동'이라고 장난스럽게 말하는 숨쉬기도 활동적 호흡에 해당한다고 볼 수 있다.

정리하자면, 이 책에서 소개하는 호흡법을 자율신경계 호흡법이라고 명명한 이유는, 고객에게 적용하는 이 호흡법이 자율신경계를 안정화하는 데 도움이 되며 피부·바디 관리에 필수적인 호흡 방식이기 때문이다.

(5) 약화된 근육

이번에는 호흡 패턴 불균형으로 약화된 근육들에 대해 즉, 흉식호흡 중심의 패턴이 복식호흡 중심의 근육 협응을 깨뜨리면서 발생하는 문제점에 대해 알아보고자 한다.

1) 골반저근(Pelvic floor muscles)

골반저근이 약해지는 이유는 흉식호흡(가슴 위주 호흡)이나 복부 긴장이 과도할 경우, 복압이 아래로 전달되지 못하고 가슴 방향으로만 이동하게 되기 때문이다. 이때 골반저근은 호흡 압력의 흐름에서 배제되어 탄력적인 수축과 이완의 리듬이 깨진다. 결과적으로 골반저근은 점차 비활성화되며 최종적으로 약화된다. 이로 인해 몸에는 요실금, 골반저 처짐, 허리 불안정성 등의 변화가 나타날 수 있다.

그렇다면 에스테틱에서 지도할 수 있는 호흡 방법은 다음과 같다.

흡기 시: 복부가 팽창하며 골반이 아래로 열리는 느낌(하강)

호기 시: 복부가 수축되면서 골반저근을 지퍼처럼 끌어올리는 느낌

즉, 숨을 들이쉴 때는 바닥이 살짝 내려앉고, 내쉴 때는 골반저근이 끌려 올라가는 느낌이다. 이렇게 호흡하면 횡격막, 복횡근, 골반저근이 유기적으로 연결되어 함께 움직인다.

2) 내복사근(Internal oblique)

흉식호흡을 하면 복부의 자연스러운 확장과 수축 운동이 이루어지지 않는데, 이로 인해 내복사근이 약해진다. 내복사근은 호흡 시 복벽을 안쪽으로 모아 복압을 조절하는 역할을 하는데, 이러한 움직임이 사라지면 내복사근이 비활성화된다. 그 결과 복부 긴장도 저하, 복압 전달 단절, 허리 안정성 감소가 발생할 수 있다.

에스테틱에서의 호흡 티칭은 숨을 쉴 때 복부 측면, 즉 배꼽 옆에서 갈비뼈 안쪽으로 모아주는 느낌으로 진행한다.

들숨 시: 복부 옆과 갈비뼈가 부드럽게 벌어지는 느낌

날숨 시: 배꼽 옆 근육이 안으로 모이듯 수축하는 느낌

이렇게 호흡을 하면 내복사근이 다시 호흡 보조근으로 활성화되어, 복압이 효율적으로 전달된다.

3) 복횡근(Transversus abdominis)

흉식호흡이 지속되면 횡격막과 복횡근의 연결이 끊어지면서 복횡근이 약화된다. 복횡근은 복부에서 가장 깊은 근육으로, 복부 내벽을 안쪽으로 조이며 복압을 균등하게 유지하는 역할을 한다. 그러나 복횡근이 약해져 움직이지 않으면 복부가 단순히 볼록하게만 움직이고 중심이 흔들리게 된다. 즉, 복압 전달 기능이 저하되면 코어가 무너지고, 이는 허리 통증을 유발할 뿐 아니라 자세 불균형으로도 이어진다.

에스테틱에서의 호흡 티칭 포인트는 다음과 같다.

고객이 베드에 누워 있는 상태를 전제로, 날숨 시 배꼽을 베드 쪽으로 붙인다는 느낌으로 안내한다. 즉, 내쉴 때 배가 앞으로 나오지 않도록 하고, 배꼽이 척추 쪽으로 붙는 느낌을 주어 복부 내벽이 수축되는 감각을 유도한다.

이렇게 호흡하면 복횡근이 횡격막과 다시 협응하며, 복압 조절 기능이 회복된다.

4) 횡격막(Diaphragm)

흉곽 상부만 움직이는 얕은 호흡(흉식호흡)은 횡격막이 충분히 하강하지 않아 호흡의 깊이와 복압이 떨어지며, 이로 인해 횡격막이 약화된다. 이로 인해 나타나는 신체 변화로는 요추 지지력 저하로 인한 허리 통증, 늑골 벌어짐, 한쪽 횡격막 기능 저하로 인한 비대칭 흉곽 등이 있다.

에스테틱에서의 호흡 티칭 방법은 다음과 같다.

흡기 시: 가슴 윗부분만 들리지 않도록 주의하면서, 복부·옆구리·등 전체가 부드럽게 팽창하도록 안내한다. 즉, 숨이 배·옆구리·등으로 고르게 퍼지는 느낌을 유도한다.

호기 시: 복부를 조이면서 공기를 부드럽게 배출하도록 한다.

이렇게 3차원적(전후·좌우·상하)으로 확장되는 호흡을 수행하면 횡격막이 원래의 위치와 탄성을 회복할 수 있다.

최종적으로 정리하면 다음과 같다.

↑ (호기 시 상승)	
횡격막	← 상부 덮개(흡기 시 하강)
복횡근·내복사근	← 측면 벽(수축 시 압력 유지)
골반저근	← 하부 받침(흡기 시 하강, 호기 시 상승)

(6) 이완시켜야 할 근육

이번에는 과호흡(흉식호흡) 시 상체 보조호흡근이 과도하게 긴장하고 흉곽 움직임이 왜곡된 경우에 이완시켜야 줘야 할 근육에 대해 알아보고자 한다.

1) 사각근(Scalenes)

과호흡이나 얕은 흉식호흡을 지속하면 목으로 공기를 끌어들이게 되는데, 이때 사각근이 들숨 보조근으로 과도하게 수축하면서 늑골 상부를 끌어올리고 어깨를 들어 올리는 잘못된 호흡 패턴이 만들어진다. 이러한 호흡이 반복되면 목의 긴장, 흉곽 비대칭, 흉추 유연성 저하가 나타날 수 있다.

에스테틱에서의 이완 방법은 숨을 쉴 때 어깨가 움직이지 않도록 체크하며, 견갑골을 아래로 고정하고 목 근육의 개입을 최소화하며, 들숨 시에는 복부와 옆구리로 호흡이 이루어지도록 유도하는 것이다.

또한, 사각근 스트레칭 시 호흡법과 함께 진행하면 효과를 극대화할 수 있다.

2) 흉쇄유돌근(Sternocleidomastoid)

횡격막 약화나 스트레스성 과호흡으로 상부 흉곽 들숨에 의존하게 되면, 흉쇄유돌근이 과활성화되어 숨을 들이쉴 때 머리와 어깨가 함께 올라가는 패턴이 생긴다. 이로 인해 경추 긴장, 턱관절 불균형, 두통 등이 발생할 수 있다.

에스테틱에서의 이완 방법은 들숨 시 배와 옆구리로 호흡하면서 가슴 윗부분의 움직임을 최소화하고, 머리와 어깨가 동시에 들리지 않도록 유도하는 것이다.

또한, 흉쇄유돌근을 호흡과 함께 관리하면 효과를 더욱 극대화할 수 있다.

3) 상부 승모근(Upper trapezius)

승모근은 아마 모든 여성들에게 미적인 측면에서, 그리고 모든 사람들에게 통증 측면에서 평생의 고민거리라고 할 수 있다. 스트레스, 잘못된 자세, 흉식호흡이 지속되면 들숨 시 어깨가 올라가면서 상부 승모근이 과활성화된다. 이로 인해 견갑골 상승, 경추 과신전, 어깨 통증, 긴장성 두통 등이 나타날 수 있으며, 심지어 하부 승모근과 전거근의 기능이 억제되어 견갑 안정성까지 깨질 수 있다.

에스테틱에서 적용할 수 있는 방법은 숨을 쉴 때 어깨가 들리지 않도록 견갑골을 아래로 끌어내리는 것이다. 내쉴 때는 견갑골을 아래로 내리며 어깨를 안정화시키고, 들숨 시에는 가슴이 아닌 옆구리와 등을 부드럽게 팽창하도록 유도한다.

이렇게 호흡과 관리가 함께 이루어지면 관리 효과를 극대화할 수 있다.

4) 늑간근(Intercostals)

흉식호흡, 비대칭 자세, 스트레스성 과호흡이 지속되면 늑골의 움직임이 감소하거나 한쪽으로만 확장되는 문제가 발생한다. 이로 인해 늑골 벌어짐, 전방 경사 자세, 비대칭 호흡 패턴이 고착되며, 횡격막 하강이 방해되어 복식호흡이 어려워진다.

에스테틱에서의 티칭은 내쉴 때 갈비뼈가 안쪽으로 모이는 느낌으로 유도하는 것이다. 내쉴 때는 손으로 갈비뼈를 살짝 눌러 안쪽으로 모아주는 느낌을 준다. 들숨 시에는 갈비뼈가 앞뒤·좌우로 부드럽게 열리도록 유도한다.

늑간근 호흡법을 관리 시 함께 적용하면 관리 효과를 더욱 극대화할 수 있다.

마지막으로 호흡법을 정리하면, 근육별로 살펴본 내용이 결국 같은 원리를 가리키고 있음을 알 수 있다. 어깨와 목은 들리지 않도록 하고, 들숨 시에는 배와 옆구리, 등을 가득 채운다는 느낌으로 호흡하며, 내쉴 때는 갈비뼈를 모아 견갑골을 아래로 내리는 방식이다.

올바른 호흡은 자세를 안정시키고 에너지 효율을 높이며, 궁극적으로는 자연스럽고 아름다운 바디라인으로 이어진다.

제3장

에스테틱 림프 드레나쥐

1. 림프의 정의

림프는 인체의 면역 시스템이자 체액 순환 시스템으로, 혈액 속에서 빠져나온 조직액이 림프관을 따라 흐르며 노폐물과 세균을 걸러내고, 면역세포를 운반하는 체계이다. 림프는 몸속의 하수도 역할과 방어군 역할을 동시에 한다.

2. 림프의 구성

(1) 림프액

림프액은 혈액에서 빠져나온 투명한 체액이다. 단백질, 지방, 면역세포(림프구)가 포함된다. 림프액의 역할은 세포에 영양 공급, 노폐물 수거, 면역세포 이동이다.

(2) 림프관

림프관은 림프액이 흐르는 통로이다. 정맥과 연결되며, 전신을 따라 분포되어 있다. 혈액의 정맥처럼 판막이 있어 역류를 방지한다.

(예시: 다리의 림프관 → 부종 조절에 핵심)

(3) 림프절

림프절은 림프관 길목마다 위치한 정화소이고 필터 역할을 한다. 콩 모양의 작은 기관으로, 면역세포(림프구)가 밀집되어 있다. 림프절은 세균·바이러스·이물질을 걸러내고 감염 방어를 한다. 림프절의 주요 위치는 목, 겨드랑이, 사타구니 등이 있다.

3. 림프의 주요 역할

(1) 체액 순환

혈관에서 빠져나온 조직액을 회수하여 정맥으로 되돌린다. 순환이 좋지 않으면 부종, 무거움, 셀룰라이트가 발생한다.

(2) 면역 방어

림프액 속 면역세포(림프구)가 세균·바이러스를 제거한다. 림프절은 외부 침입자를 걸러내는 방어 거점 역할을 한다,

(3) 지방 흡수

소장에서 지방을 흡수해 림프관(지방관)을 통해 운반한다. 혈액으로 직접 흡수되지 않는 큰 지방 분자를 림프가 처리한다. 림프는 단순한 체액이 아니라, 순환·면역·해독·미용까지 아우르는 핵심 시스템이다. 따라서 마사지·에스테틱·재활·한의학·의학 전반에서 림프 관리는 건강과 아름다움의 필수 요소로 활용된다.

4. 림프 드레나쥐의 효과

림프 드레나쥐는 림프 순환을 촉진하여 체내 노폐물 배출을 돕고 부종 완화, 면역력 증진, 피로

회복 등 다양한 미용적 효과를 가지고 있다.

정체된 림프액의 흐름이 원활해지면서 신체 부종을 해소하며 림프구 생성을 증가시키고 신체의 방어 시스템을 강화하여 면역력을 높이는 데 기여한다. 또한 신진대사를 촉진하고 근육의 긴장을 풀어주어 피로 회복을 돕고 심신 안정을 돕는다. 또한 부교감 신경을 활성화시키고 통증을 감소시키는 효과도 있다.

5. 림프 드레나쥐의 동작

고객의 터번을 풀고 손에 힘을 뺀 후 손가락 자체의 무게 정도의 가볍고 부드러운 압력(약 30~40㎜/Hg)을 적용한다. 항상 주요 림프절(목, 겨드랑이, 사타구니 등)을 중심으로 림프 배출 방향을 따라 관리한다. 각 동작은 5회 정도 반복하며 쓰다듬기를 시작으로 림프절 방향으로 정지 원 그리기 동작을 시행한다.

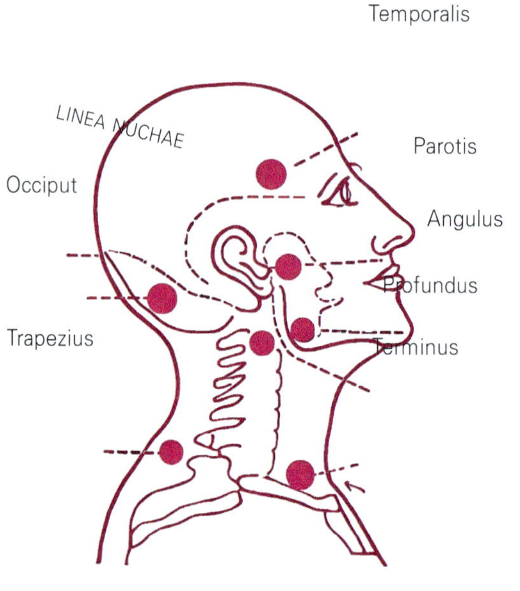

제4장

에스테틱 경락학

AESTHETIC PRINCIPLES AND PRACTICE

1. 음양오행에 따른 본질의 이해

(1) 얼굴에 나타나는 본질

많은 사람들이 턱에 트러블이 생기면 '아, 생리 전이구나.' 혹은 '생식기에 문제가 있나?' 하고 생각하거나, 그런 이야기를 한 번쯤 들어본 적이 있을 것이다.

이처럼 얼굴과 몸은 서로 밀접하게 연결되어 있어, 몸의 상태가 얼굴에 그대로 드러나는 경우가 많다. 예를 들어, 발바닥은 '제2의 심장'이라고 불릴 만큼 우리 몸의 모든 장기와 연결되어 있다고 볼 수 있는데, 발바닥을 얼굴에 댄다고 가정했을 때, 발바닥이 닿는 얼굴 부위가 그 장기에 대응된다고 한다. 특히, 발뒤꿈치는 생식기와 관련이 있는데, 이는 턱 부위 역시 생식기와 연관되어 있다고 볼 수 있는 이유다. 이처럼 신체의 균형과 건강 상태는 피부에 자연스럽게 표현된다. 따라서 전통적인 음양오행 이론을 통해 몸을 이해하고 관리하는 것도 피부 관리를 하는 데 큰 도움이 된다.

(2) 오행 테라피

오행 테라피에 앞서 각 오행에 해당하는 장기를 살펴보면 목(木)-간·담, 화(火)-심장·소장, 토(土)-비장·위장, 금(金)-폐·대장, 수(水)-신장·방광으로 나눌 수 있다. 이에 해당하는 기관들의 기능들과 상호작용하여 관리를 할 수 있다. 즉, 오행이 깨지면 피부로 나타나는 증상으로 진단하여 관리를 하는 방법이기도 하다.

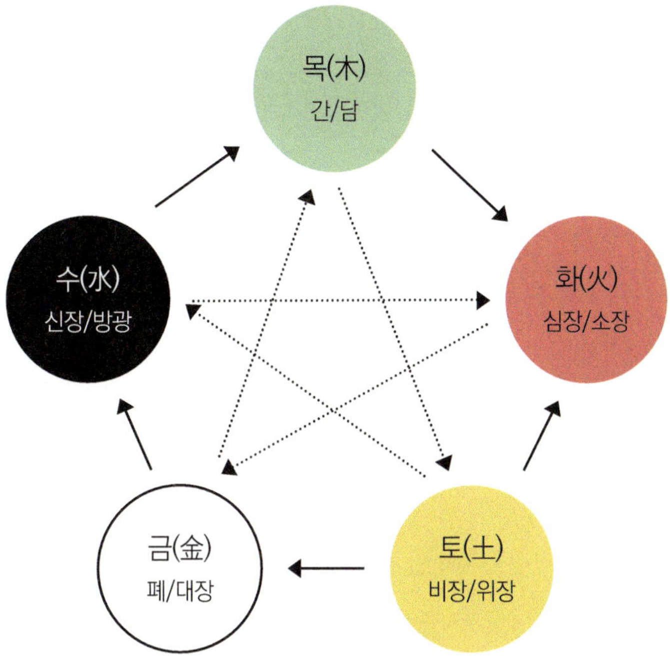

1) 내적요인으로 나타나는 피부 상태

한의학에서는 피부는 단순한 보호만 기관이 아니라, 장부 상태를 나타내는 거울로 본다. 오행이론에 따르면 각 장부는 각각의 고유 기능을 가지고 있고 이들의 균형이 깨지면 피부로 드러난다.

첫 번째, 기미부터 살펴보면 얼굴 전체에 기미가 많으면 신장의 기운이 좋지 않다고 한다. 신장은 오행 중 수(水)에 해당하며, 생명력·정(精)·노화와 관련이 깊다.

신장의 기운이 약해지면 얼굴 전체에 기미나 색소 침착이 많아지는데 이는 피부에 혈액과 수분 공급이 부족하고 노폐물이 정체되면서 발생하는 것이다. 특히, 눈 밑, 뺨 아래 등 얇은 피부에 자잘한 기미가 퍼지듯 생기는 경우는 신장의 약화와 관련이 있다고 본다.

그 외에도 신장의 경락은 귀, 허리, 생식기와 연결되고, 말년운과도 관련된다. 잦은 피로, 허리 통증, 생리불순과 함께 기미가 나타난다면 신장 기능 저하를 의심해 봐야 한다. 또한, 말년운과도 연관이 있는데, 나이가 든 할머니·할아버지들을 보면 피부가 건조하면서 수분감이 전혀 느껴지지 않는 경우가 대부분이다. 이는 수(水)의 기운 즉, 신장의 기운이 다돼서 그렇다고 볼 수 있다. 하지만, 개선할 수 없는 이유는 신장의 기운은 타고 태어나는 것이기 때문이다.

두 번째, 여드름을 살펴보자. 사실 여드름의 원인은 호르몬, 균에 의해, 스트레스, 바이오리듬의 무너짐 등 다양한 원인이 있지만 지금은 한의학 관점의 오행으로 보고자 한다.

여드름은 오행 중 토(土 위)의 기운으로 소화기계에 해당한다. 그렇기 때문에 트러블의 원인이 위장 기능 저하 또는 열이 과다해서 나타나는데, 식습관이 불규칙하고 스트레스성 위염이 잦은 사람은 턱, 입가, 콧등 주변에 많이 난다. 이는 체내에 습열(濕熱)로 인해 모공이 막히고 피지와 노폐물 배출이 되지 않아 염증성 트러블이 반복되기 때문이다. 특히 턱에 화농성 여드름이 주기적으로 생기는 여성은 위장 기능 저하와 안드로겐 호르몬 등으로 호르몬 불균형이 동시에 있는 경우가 많다.

여담이지만, 필자 역시 오행 중 토(土)가 과다한 체질로 위장이 약한 편이다. 피부 역시 그 영향으로 좋지 않아야 하지만 피부를 직접 다루는 직업이기 때문에 균형이 맞춰져서 건강해 보이기도 한다.

세 번째, 피부의 건조함을 보면 건조함을 나타내는 부분은 폐에 해당하는 것으로 금(金)이다. 오행 중 피부와 가장 직접적으로 연관이 있다고 볼 수 있다.

여기서 금이 부족할 때 건조한 것인가 혹은 과다할 때 건조한 것인가가 궁금할 수 있다.

두 가지 다 건조함을 나타내는데 다른 양상으로 나타난다고 한다. 부족할 때는 허증(虛證)형 건조로 폐 기능 약화, 대장 기능 약화 등의 원인이 있다. 피부에 나타나는 증상으로 얇고 푸석한 피부, 각질이 잘 일어나고, 혈색이 없고 윤기가 없으며, 민감성, 트러블을 동반하는 특징이 있다.

그렇다면 금이 과다할 때는 실증(實證)형 건조로 폐열, 대장건조, 스트레스성 긴장 등의 원인으로 피부 증상으로는 열감이 있는 건조, 피부는 당기지만 붉고 예민함, 좁쌀, 트러블 동반, 특히 코 옆, 볼 주변이 당기면서 번들거림이 반복된다.

코 옆에 각질이 있거나 모세혈관이 심하게 드러나거나, 건조함 외에도 민감성, 홍반, 아토피 등의 경향이 있으면 폐, 대장을 체크해 보는 것도 좋다.

네 번째, 홍조를 살펴보면 심장에서 나타나서 화(火)에 해당한다. 화(火)는 열·에너지·순환 등과 관련이 깊은데, 화(火)의 기운이 과해지면 열이 얼굴로 몰리고, 안면홍조 등이 나타난다. 특히 감정 기복이 심하거나 갱년기 증상을 겪는 여성에게 자주 나타는데 여름으로 계절이 바뀌어서 더워지는 시기에 화병이 나타나기도 한다.

에스테틱과 연관지어 보자면 피부의 건조함도 나타나기도 하는데, 열이 수분을 날려서 얼굴에 건조함이 나타날 수 있으며, 여드름이나 염증성 트러블이 나타나고 얼굴 중앙부(T존) 또는 뺨과 턱에 열감과 번들거림, 모공 확장 등이 나타난다. 또한, 순환의 문제로 화가 과다하면 여름에 팔뚝이 굵어지기도 한다.

다섯 번째, 간·담에 해당하는 목(木)이다. 간 하면 가장 먼저 떠오르는 것이 다크서클, 눈 피로, 안색 등이 생각나는데, 이는 전신의 기(氣)를 순환시키는 역할을 간에서 하기 때문이다.

하지만, 지금은 트러블을 중점으로 풀어보고자 한다. 얼굴에 트러블을 관장하는 부분이 바로 담이다. 담이 정체되면 측두부(관자놀이), 이마 주변 열감과 피지과다, 두피와 연결된 상부 경락에도 영향을 준다. 즉 잔머리 부위, 헤어라인 주변, 귀 옆 등 트러블이 나는 경우는 제대로 씻지 않아서 균에 의한 것도 있지만 그게 아니라면 담에서 원인을 살펴봐도 좋다.

담열(膽熱)은 스트레스성 두통, 수면장애, 안면 긴장과 함께 나타나기 때문에 감정기복이 심하고 열이 위쪽으로 자주 오르는 고객은 담경을 중심으로 케어하면 좋다.

담경을 케어하는 방법을 살짝 풀어보자면 측두부-목 옆-어깨-옆구리-다리 바깥쪽으로 담경이 흐르기 때문에 관자놀이-귀 앞뒤-목 측면-어깨-옆구리-대퇴 외측-종아리 바깥-발끝으로 순환 관리를 해주면 좋다.

2) 오행 타입별 에스테틱 솔루션

먼저 수(水)인 신장·방광 기능 저하 고객부터 살펴보자. 이분들의 주요 피부 고민은 얼굴 전체 기미와 색소침착, 칙칙한 안색, 탄력 저하, 눈 밑 다크서클, 전반적인 건조함 등을 예로 들 수 있다. 이런 고객들에게 에스테티션이 해줄 수 있는 관리는 보음(補陰)과 활혈(活血)이다.

보음(補陰)이란 음의 기운을 보충해 주는 것으로 쉽게 말해서 수분 등을 보충해 속건조를 해결해 주는 것이다.

활혈(活血)은 정체되거나 막힌 혈을 순환시켜 피부에 생기를 주고 노폐물을 배출해 안색 개선을 해주는 것으로 쉽게 말해 혈액순환이다.

그렇다면 추천하는 관리는 온열(溫熱) 테라피로 따뜻한 스톤 혹은 기기, 온열 돔 등으로 몸의 냉기를 빼고 복부와 하체의 순환을 시켜 신장 경락을 활성화하는 관리를 해주면 좋다.

또한 피부의 탄력을 끌어올리는 윤곽 관리도 좋은데 특히 턱선과 신장경락과 연관이 있는 귀 주변을 집중적으로 관리해 주면 좋다.

다음은 복부 관리로 단전(丹田)이 위치한 아랫배를 따뜻하게 관리하여 턱 주변 트러블 및 안색 개선에 간접적으로 큰 영향을 미친다.

추천 성분이 있다면 히알루론산, 콜라겐, 펩타이드, 이데베논, 나이아신아마이드, 비타민C 등 보습과 영양감이 포함된 성분이 좋다.

추천 아로마 성분은 세포 재생과 노화 방지에 뛰어난 프랑킨센스, 신장의 기운을 북돋고 마음을 안정시키는 우드향이 특징인 시더우드, 이뇨작용을 도와 몸의 노폐물과 독소 배출을 하여 부종을 완화하는 주니퍼베리 등이 있다.

두 번째는 토(土)인 비장·위장 기능 저하 고객을 살펴보자. 이분들은 주로 입가, 코 주변, 염증성·화농성 여드름, 잦은 트러블, 과도한 피지, 습하고 번들거리는 피부의 특징이 있다.

에스테티션이 이런 고객들에게 해줄 수 있는 건 건비(健脾)와 거습(祛濕) 관리다.

건비(健脾)란 비장의 기능을 강화해서 소화력과 영양흡수, 수분 대사를 정상화시키는 관리다. 건비가 필요한 몸의 증상 특징이 몇 가지 있지만 피부로 봤을 땐 위에서 언급한 입 주변, 턱 부위의 트러블을 예로 들 수 있다. 그래서 이 부분에 트러블이 났을 때 생리 전 호르몬의 영향으로 볼 수도 있지만 위의 원인도 살펴보는 것도 좋다.

거습(祛濕)은 체내의 불필요한 습기(습열)를 제거하는 관리다. 여기서 불필요한 습기(습열)란 체내에 정체된 과도한 수분이나 노폐물성 진액 등인데 부종, 기름지고 무거운 얼굴, 끈적한 땀 등을 예로 들 수 있다. 그래서 림프 드레나쥐 관리도 추천한다.

이 문제를 피부 트러블로 봤을 때 과잉피지, 피지성 여드름, 습진, 아토피 등을 예로 들 수 있다. 이 피부 특징에 맞춰 피부 관리를 하면서 전체 순환을 시키는 부종 빼는 관리를 해주면 도움이 된다.

추천 성분은 호장근, 감나무잎, 율피, 잇꽃꽃, 비피다바이옴, 플라즈마 활성수 등 염증 조절 및 진정에 도움을 주는 성분을 추천한다.

추천 아로마 성분은 항균 및 항염에 효과가 있는 티트리, 심리적 안정에 도움을 주는 베르가못, 마음을 안정시켜 피부 염증을 완화하는 패출리 등이 있다.

세 번째는 금(金)인 폐·대장 기능 저하 고객을 보면 피부가 얇고 푸석하고, 각질이 잦고, 칙칙한 혈색, 예민함, 열감을 동반한 속건조, 코 주변 붉음증을 예로 들 수 있다.

에스테티션이 해줄 수 있는 건 보폐(補肺) 및 윤조(潤燥)다.

보폐(補肺)는 폐의 기운을 보충하여 면역력을 높이고 호흡기계와 피부를 보호하는 관리로 보폐가 필요한 피부 특징은 피부가 약하고 자주 가려운 것이 특징이다.

윤조(潤燥)는 특히 가을, 겨울 등 건조한 환경 혹은 체질, 노화로 인한 건조 등에 의해 피부나 점막에 수분을 보충해서 촉촉하게 하는 관리다.

피부가 매우 건조하고 각질이 많은 걸 포함해 입술이 자주 트고 갈라진다면 윤조 관리가 필요하다.

추천 관리는 폐 기능과 직접적으로 연결되는 산소(O_2) 테라피, 거품 등 물리적 자극을 최소화한 부드러운 클렌징 후 세라마이드, 판테놀, 라멜라 등을 이용한 장벽강화 관리, 폐경락이 흐르는 데콜테 및 등 상부 관리를 추천한다.

추천 성분은 바로 위에서 언급한 피부장벽에 도움을 주는 세라마이드, 판테놀, 라멜라, 스쿠알란 등과 파파인 등 저자극으로 딥클렌징을 할 수 있는 것을 추천한다.

추천 아로마는 호흡기 정화에 도움을 주는 유칼립투스와 페퍼민트, 샌달우드를 추천한다.

네 번째는 화(火)인 심장·소장의 기능이 과다한 고객이다. 이들은 안면홍조, 잦은 열감, T존과 뺨의 번들거림, 확장된 모공, 붉은 염증성 트러블 등의 피부 특징을 가지고 있다.

에스테티션이 해줄 수 있는 관리는 청열(淸熱) 및 안정(安定)이다.

청열(淸熱)은 열을 내리고 염증을 가라앉히는 관리라고 볼 수 있다. 즉, 몸에 있는 병적인 열(실열, 허열)을 없애는 것이다. 피부의 열감, 홍조, 여드름, 생리불순, 불면증, 두통 등의 증상이 있을 때 청열(淸熱) 관리가 필요하다.

안정(安定)은 우리가 흔히 쓰는 단어로 정신적·신경적 흥분 상태를 진정시키는 관리라고 볼 수 있다. 문제성 피부를 가진 고객 중에는 불면증, 초조함, 불안감, 신경과민, 우울감, 공황 증상 등의 문제를 가진 사람들이 많다. 이러한 증상으로 피부가 문제성이 됐거나, 문제성 피부로 인해 위의 증상이 나타나는 두 가지의 원인이 있기 때문에 에스테틱에서는 고객의 정신적·신경적 안정(安定)도 필요한 관리라고 볼 수 있다.

에스테틱에서 고객에게 해줄 수 있는 관리는 수승화강(水昇火降)이 될 수 있도록 상체 쪽으로 특히 얼굴과 두피로 몰린 열을 식히고 과도하게 활성화되어 있는 교감신경을 안정시켜서 피부의 붉어짐과 열감을 근본적으로 관리해 주어야 한다.

추천 성분은 열감을 내려줄 수 있는 수분감 있는 겔 제품, 열감을 순간적으로만 내리는 것이 아닌 천천히 일정하게 열을 내려주는 글루코스, 멍크림의 성분으로 혈관을 강화시켜 주는 비타민K 등의 성분을 추천한다.

추천 아로마오일은 안정의 대표적인 라벤더, 캐모마일, 스트레스와 감정기복으로 인한 로즈, 네롤리 등을 추천한다.

단, 얼굴의 열감을 내리는 관리로 차가운 것을 바로 얼굴에 하는 크라이오 관리는 추천하지 않는다. 오히려 더 열감을 유발할 수 있기 때문이다.

다섯 번째는 목(木)인 간·담 기능이 정체된 고객이다. 이들은 문제성 피부 증상이 관자놀이, 헤어라인, 이마 주변에 트러블이 올라오고, 안색이 누렇고 칙칙하며 다크서클, 안면근육 긴장 등의 피부 특징이 있다.

예로 들자면 '피로는 간 때문이다'라는 TV 광고 문구를 들은 적 있을 것이다. 그래서 피곤해서 나타나는 다크서클 등의 증상이 간이 과하게 많이 쓰였다는 것을 의미한다.

에스테티션이 해줄 수 있는 관리는 소간해울(疏肝解鬱)과 이담(利膽)이다.

소간해울(疏肝解鬱)은 간의 기운을 풀어주고 울체된 기운을 풀어주는 관리다. 스트레스로 인한 증상인 소화불량, 명치 답답함 등이나 생리불순, 극심한 생리통, 감정적으로 억눌러져 우울감, 감정기복 등과 눈의 피로 두통 등의 증상이 대부분이다.

이담(利膽)은 담즙을 잘 흐르게 하여 소화·해독 기능을 원활하게 해주는 관리다. 여드름 등 피부트러블이 간·담 해독이 필요한 대표적인 증상이다.

에스테틱에서 해줄 수 있는 관리는 담경(膽經) 경락 관리다. 태양혈(관자놀이)에서 시작해서 귀 주변, 목 측면, 어깨, 옆구리로 이어지는 담경락을 관리해 주면 좋다.

또한 담경락은 두피 측면을 지나가기 때문에 두피 관리를 함께 병행하고, 감은 눈과 연결되므로 눈 주변의 혈점을 함께 관리하는 아이마사지도 추천한다.

추천 성분은 디톡스·정화 기능이 있는 성분, 비타민C, 글루타치온 등 항산화 및 브라이트닝 성분, 시트러스, 페퍼민트, 유칼립투스 등 청량감을 주는 성분도 추천한다.

추천 아로마오일은 순환시키는 페퍼민트, 레몬, 그레이프프루트, 로즈마리 등을 추천한다.

2. 경락학의 기초와 얼굴 경락 해석

1장에서 오행이라는 주제로 인체의 장부와 피부와의 관계를 큰 틀로 공부를 했다면 장부의 기운과 상태는 어떤 '길'을 통해 피부로 전달되는지 알아보고자 한다.

본 2장에서는 에너지가 흐르는 고속도로인 경락의 기본 개념을 이해하고, 우리 몸에 특히 얼굴에 흐르는 각각의 경락에 대해 파헤쳐 보고자 한다.

(1) 경락(經絡)이란?

경락(經絡)은 우리 눈에 보이지 않는 몸의 상하체, 내외부를 연결하고 전신을 순환하는 에너지 통로이다. 기(氣)와 혈(血)이 경락을 통해 사람의 생명활동을 유지한다.

기(氣)와 혈(血)은 생명의 에너지와 영양 물질이라고 보면 되는데, 기는 생명활동의 근본이 되는 에너지이자 기능적인 측면을 말한다.

◆ 기(氣)의 기능

1. 온후작용: 몸을 따뜻하게 만드는 기능
2. 방어작용: 외부의 사기(邪氣)로부터 몸을 지키는 기능
3. 추동작용: 혈액과 진액 등 모든 물질이 제 길을 가도록 이끄는 기능

1) 경락의 기(氣)와 혈(血)

혈(血)은 기(氣)에 의해 움직이는 영양 물질을 말한다. 혈액과 함께 인체 각 조직에 영양분을 공급하고 정신활동의 기반이다.

기(氣)와 혈(血) 항상 함께 있으므로 기(氣)가 없으면 혈(血)은 흐를 수 없고, 혈(血)이 없으면 기(氣)가 존재하지 못한다.

기혈(氣血)이 흐르는 길이 바로 경락이다. 즉, 이 길의 흐름이 원활할 때 건강한 상태의 몸이다.

우리 몸에는 12경락과 기경팔맥이 존재하는데, 12경락은 위에서 언급한 일상적인 기능과 생리

적 흐름에 관여를 하고 장부에 직접 속해 있다면 기경팔맥은 잉여 기혈(氣血)을 저장하고 급격한 생리적인 변화 혹은 위급상황에서 균형을 조절하는 역할을 한다.

우리 몸에 있는 12경맥은 각각 오장(간, 심, 비, 폐, 신)과 육부(담, 소장, 위, 대장, 방광, 삼초)에 연결되어 있고 좌우 한 쌍으로 총 12개가 분포되어 있다.

즉, 특정 장부에 문제가 생기면 해당 장부와 연결된 경락의 흐름이 막히거나 약해진다고 볼 수 있다. 그렇기 때문에 약해진 경락이 흐르는 부분의 피부가 문제성이 되거나 근육 통증, 변색, 탄력 저하 등 피부 표면으로 나타난다.

2) 임맥(任脈)과 독맥(督脈)

얼굴 부분의 경락을 하기 전 얼굴과 밀접한 관련이 있는 기경팔맥을 짚고 넘어가자면 임맥(任脈), 독맥(督脈) 두 가지 기경팔맥을 볼 수 있다.

각각의 흐름은 얼굴의 안색, 탄력, 근육, 순환 상태에 크게 영향을 미친다.

임맥(任脈)은 회음에서 시작하여 앞쪽 몸의 정중앙을 따라 올라가서 승장까지를 말한다.

모든 음경(음의 경락)을 조절하고 여성의 생리, 임신, 자궁 기능과 깊은 연관이 있다.

피부에 나타나는 특징은 윤택함, 보습, 부드러움 등이 나타나고 문제가 있을 때 에스테티션의 관점으로 보면 수분부족, 탄력 저하, 안면부 위축 등을 볼 수 있다.

에스테틱에서 임맥과 관련된 관리를 한다면 임맥 라인 그대로 흐름을 원활하게 해주면 좋고 건조한 피부, 생리불순, 입술색 변화, 턱 밑 탄력 저하 등의 관리에 좋다.

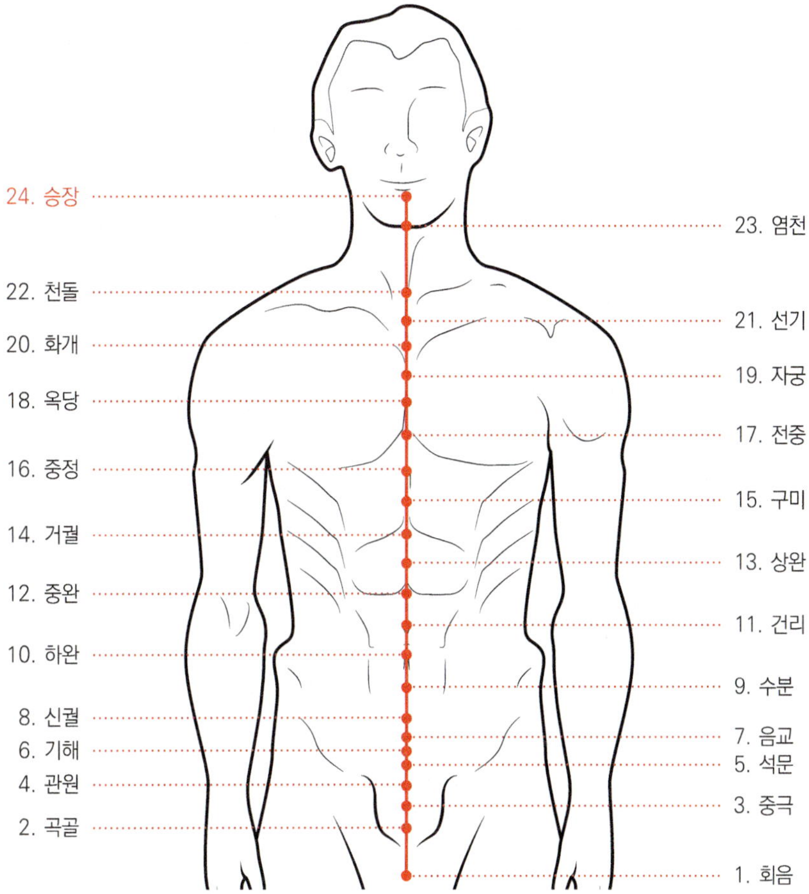

독맥(督脈)은 회음에서 시작하여 척추 정중앙을 따라 올라가 뒤통수, 백회, 이마 중앙, 코까지를 말한다.

모든 양경(양의 경락)을 통솔하고 자율신경계, 면역력, 근육 활력 등과 연결되어 있다.

피부의 관점으로 보면 혈색, 탄력, 열감, 열감성 트러블 등과 관련이 있고, 독맥에 문제가 생기면 피부가 늘어지고 집중력 저하, 만성피로 등의 문제가 나타난다.

에스테틱에서 할 수 있는 관리는 이마 중앙, 미간, 콧대, 정수리, 뒷목 중앙을 따라 흐르는 독맥을 따라서 리프팅, 순환 등의 관리를 추천한다.

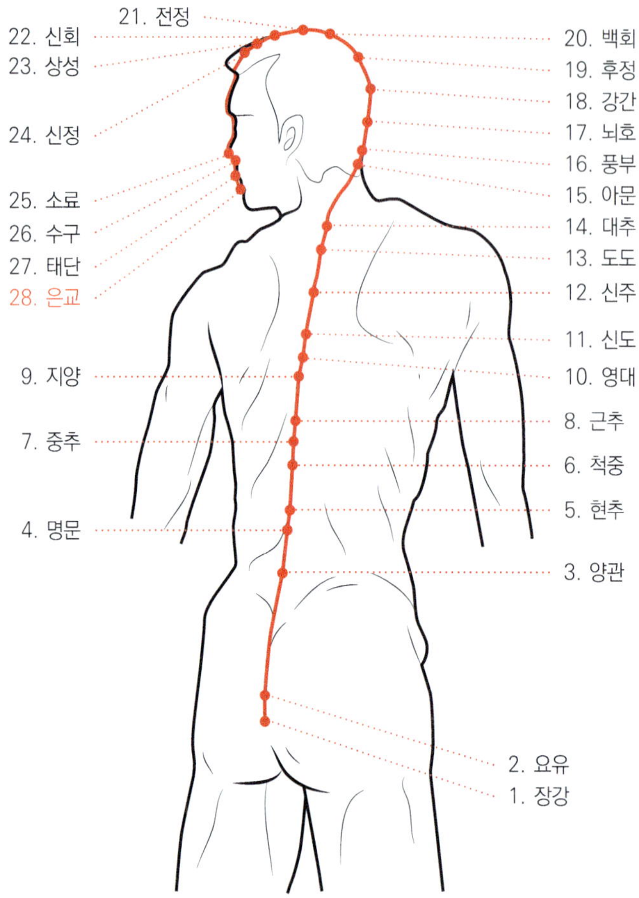

(2) 우리 몸의 양경락

얼굴에는 활동과 에너지를 주관하는 6개의 양(陽)경락이 모두 있어서 다른 부위보다 집중적으로 경락이 모여 있다. 즉, 얼굴에는 음경락은 없으며, 양경락만 존재한다고 볼 수 있다.

그중 위경, 대장경, 소장경, 방광경, 담경, 삼초경이 얼굴과 직접적으로 연결되어 있다.

1) 족양명위경(足陽明胃)

이 경락은 소화기와 안면 중앙의 상태를 나타낸다. 승읍(承泣)혈에서 시작해 코 옆을 지나 윗입술로 들어가서 다시 입꼬리를 돌아 턱을 지나 뒤 앞으로 올라가 최종적으로 이마의 두유(頭維)혈까지다. 얼굴의 정면부에 대부분 분포되어 있기 때문에 정면부를 전체적으로 관장하는 중요한 경락이라고 볼 수 있다. 주요 관장 부위는 흐르는 혈자리 그대로 눈 밑, 볼(앞광대), 입가, 턱 라인이다.

이 족양명위경이 흐름이 끊기거나 문제가 생기면 눈 밑 다크서클, 볼 부위 탄력 저하 또는 처짐, 입가와 턱 주변의 잦은 뾰루지 및 구진, 입술 건조 및 구각염, 얼굴 근육 경직 등의 증상이 나타난다. 그렇기 때문에 에스테틱에서 해줄 수 있는 관리는 중앙 안면부 리프팅, 입술 주위 트러블 관리, 피부에 영양 공급을 해주면 좋다. 특히 팔자주름과 마리오네트 라인을 펴듯 위경락의 흐름을 따라 아래에서 위로 끌어올려 주는 테크닉을 해주면 된다. 또한 괄사를 이용해서 위경락이 정체되기 쉬운 광대뼈 하단과 턱 라인의 유착된 근막을 풀어주는 관리와 근본적인 위장 기능 활성화를 위해 복부 관리를 병행해 주면 효과를 극대화한다. 특히 관리 포인트는 눈 밑 승읍, 코 옆 거료, 광대 아래 관료, 입꼬리 지창, 턱 대영 등의 혈자리를 핵심적으로 관리해 주면 좋다.

추천 성분으로는 펩타이드, 콜라겐, 탄력에 도움을 주는 아데노신, 프로바이오틱스 등을 추천한다.

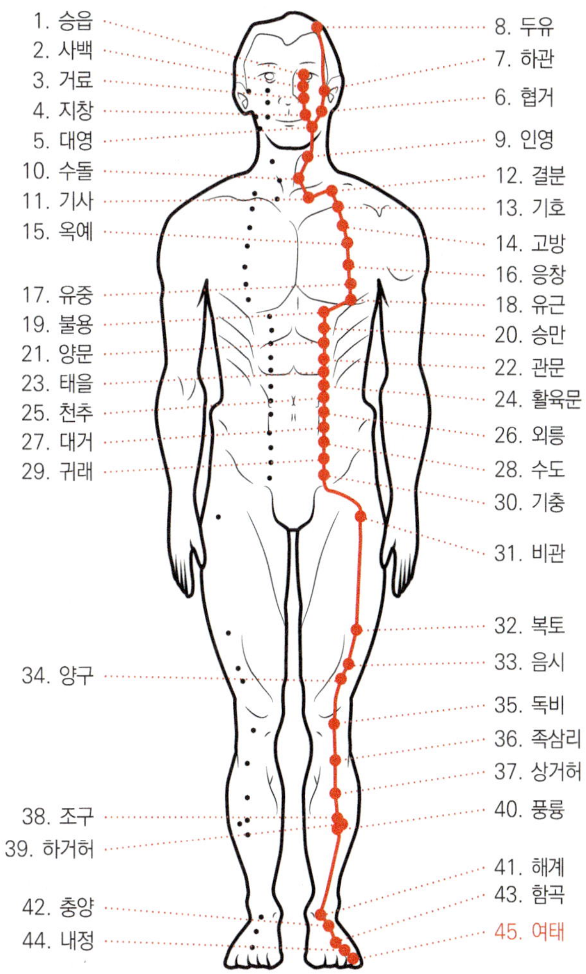

2) 수양명대장경(手陽明大腸經)

이 경락은 배출과 코 주변의 상태를 나타낸다. 검지 끝에서 시작해 팔과 목을 거쳐 올라와서 인중에서 반대편 경락과 교차 후 콧방울 바로 옆 영향(迎香)혈에서 끝난다. 주요 관장 부위 역시 콧방울 옆과 인중이다. 이 경락의 흐름에 문제가 생기면 영향혈 주변의 각질, 붉어짐이 나타나거나 콧방울의 화이트헤드나 뾰루지, 건조 등이 나타난다. 그래서 코 주변 각질 및 화이트헤드를 제거하는 관리 혹은 순환 관리를 통해 안색 정화나 독소 배출 등의 관리가 좋다.

추천하는 관리는 영향혈 주변의 피지와 각질을 AHA 등으로 관리하고 림프 드레나쥐와 데콜테 관리로 경락의 흐름을 원활하게 해주면 좋다. 추천 성분은 비타민C, 나이아신아마이드, 티트리, 살리실산 등의 성분을 추천한다. 이 경락의 종착점인 영향혈을 포인트로 관리해 주면 좋다.

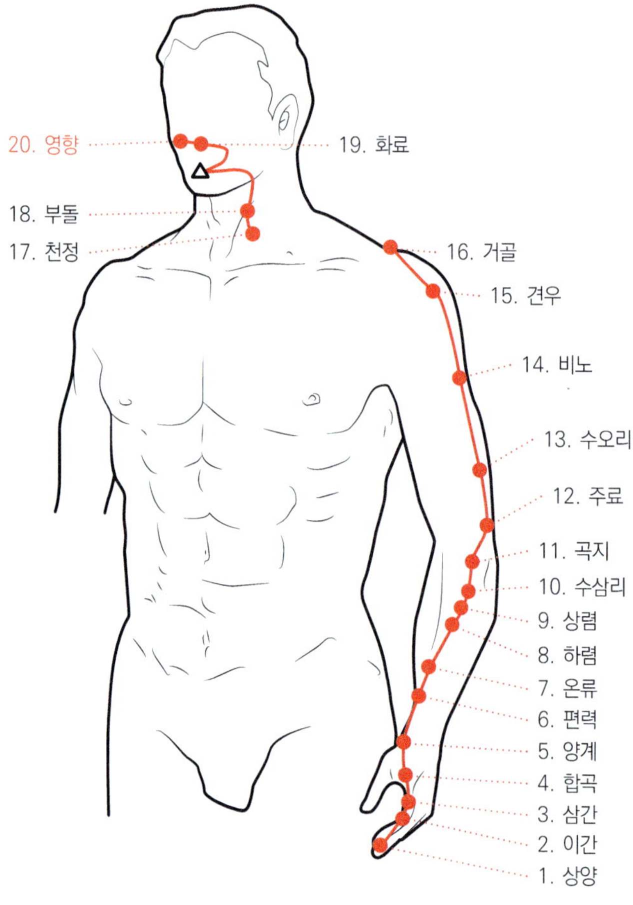

3) 족태양방광경(足太陽膀胱經)

이 경락은 수분대사와 이마, 두피 상태를 나타내고 눈 안쪽 정명(睛明)혈에서 시작해 이마를 지나 백회를 감싸고 목 뒤를 통해 등과 다리 뒤쪽을 거쳐 새끼발가락까지 이어지는 가장 긴 경락이라고 할 수 있다. 주요 관장 부위는 미간, 눈썹, 이마, 정수리로 흐름이 끊겼을 때 드러나는 증상이 미간의 깊은 주름, 눈썹뼈 통증, 눈 주변의 부종과 다크서클, 이마의 탄력 저하, 뒷목 뻣뻣함, 허리 통증 등이 나타난다. 에스테틱 관리의 경우 이마주름, 눈가부종 및 다크서클, 두피 관리 등을 해주면 좋고 방광경은 등을 따라 흐르기 때문에 등 관리를 함께 병행해 주면 좋다. 눈 안쪽 정명, 눈썹, 찬죽, 이마, 두피 전체, 뒷목 라인을 포인트로 관리해 주면 된다.

추천 성분은 비타민K, 페퍼민트, 로즈마리 등을 추천한다.

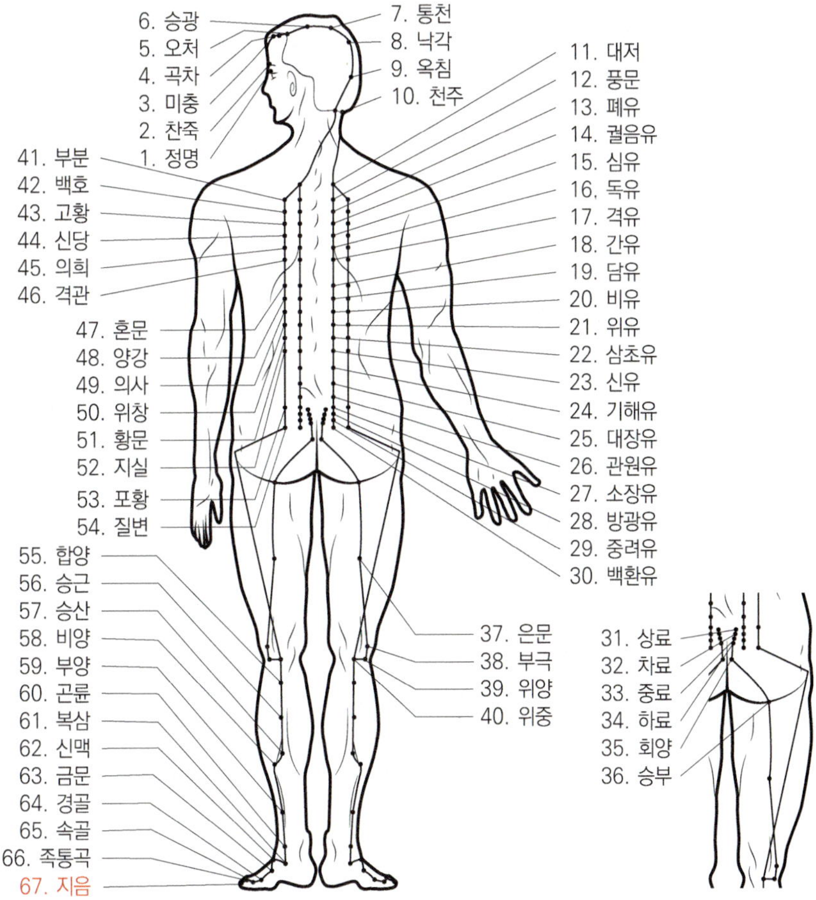

4) 족소양담경(足少陽膽經)

이 경락은 스트레스와 얼굴측면의 상태를 나타낸다. 눈 바깥쪽의 동자료(瞳子髎)혈에서 시작해 관자놀이를 지그재그로 감싸고 귀 뒤를 지나 목, 어깨, 몸의 측면을 따라 내려간다. 주요 관장 부위 역시 눈꼬리, 관자놀이, 얼굴 측면, 귀 주변이다.

이 경락의 흐름이 끊기면 관자놀이 부위의 반복적인 트러블, 눈꼬리 주름, 얼굴 측면의 피지 과다 및 열감이 나타날 수 있고 어깨 결림이 있을 수 있다.

이 경락의 경우 관리는 스트레스, 편두통 완화, 측면 트러블 진정, 안면 긴장 완화에 목적이 있기 때문에 측두근을 집중적으로 이완시키고 담경 라인을 쓸어내리는 관리를 추천한다.

눈가 동자료, 관자놀이 태양, 귀 주변, 목 측면, 어깨 견정혈 등을 포인트로 관리한다.

추천 성분은 라벤더, 캐모마일, 페퍼민트 등과 디톡스되는 아로마를 추천한다.

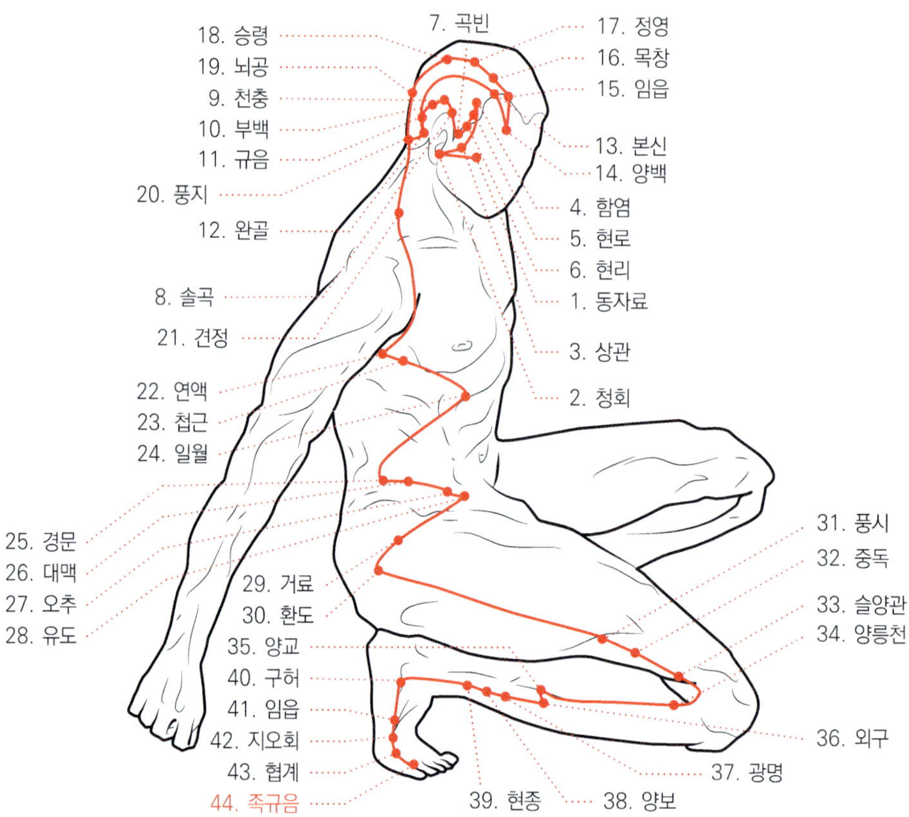

5) 수태양소장경(手太陽小腸經)

이 경락은 영양흡수와 광대 및 턱선의 상태를 나타낸다. 소지 끝에서 시작해 팔 뒤쪽, 어깨뼈를 지나 목을 거쳐서 광대뼈 아래 관료(顴髎)혈을 지나 귀 앞 청궁(聽宮)혈에서 끝난다. 그렇기 때문에 주요 관장 부위는 광대뼈와 턱선이다.

이 경락의 흐름이 끊기면 광대 부위의 기미나 색소침착, 턱선 트러블, 귀 밑 뾰루지 등의 문제성 피부가 나타날 수 있다.

이 경우에는 턱선 윤곽 정리 및 광대 부위 순환을 촉진해 주는 관리가 도움이 된다.

광대뼈 아래 관료와 귀 앞 청궁혈을 포인트로 앞광대 볼륨 관리로 광대 집중 리프팅과 턱선 리프팅 그리고 이 경락이 지나는 견갑골 주변 근육을 이완시키는 관리가 도움이 된다.

추천 성분은 아미노산과 펩타이드로 영양 공급과 비타민K를 추천한다.

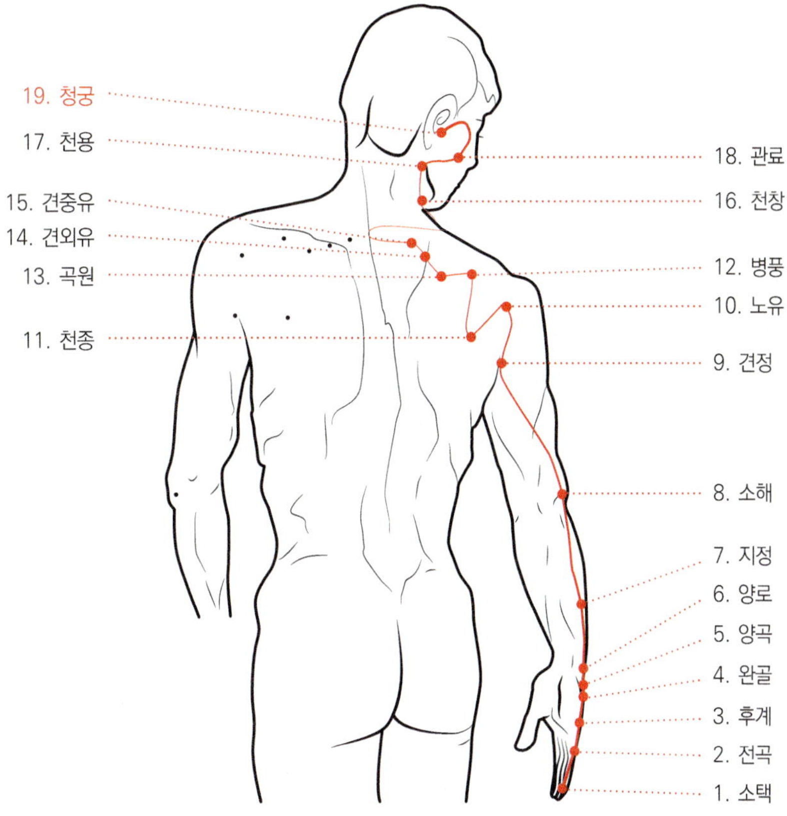

6) 수소양삼초경(手少陽三焦經)

이 경락은 우리 몸의 순환과 면역의 상태에 관여한다. 약지 끝에서 시작해 팔 중앙, 어깨를 지나 귀 뒤를 감싸고 눈썹 바깥쪽 끝 사죽공(絲竹空)혈에서 끝난다.

주요 관장 부위는 눈썹 바깥쪽과 귀 주변이다. 이 흐름이 끊기게 되면 눈가 주름, 귀 주변 문제, 원인 없는 안면 부종이 나타날 수 있다.

이런 고객은 전신 순환을 위한 림프 관리 및 안면부종을 완화해 주는 관리를 추천하고 눈썹 바깥쪽 끝 사죽공와 귀 뒤 움푹 들어간 예풍혈을 포인트로 관리하는 것이 좋다.

림프 관리와 눈 주변 리프팅과 함께 경락이 지나는 팔 바깥쪽을 따라 손끝 방향으로 쓸어주어 흐름을 원활하게 해주어야 한다.

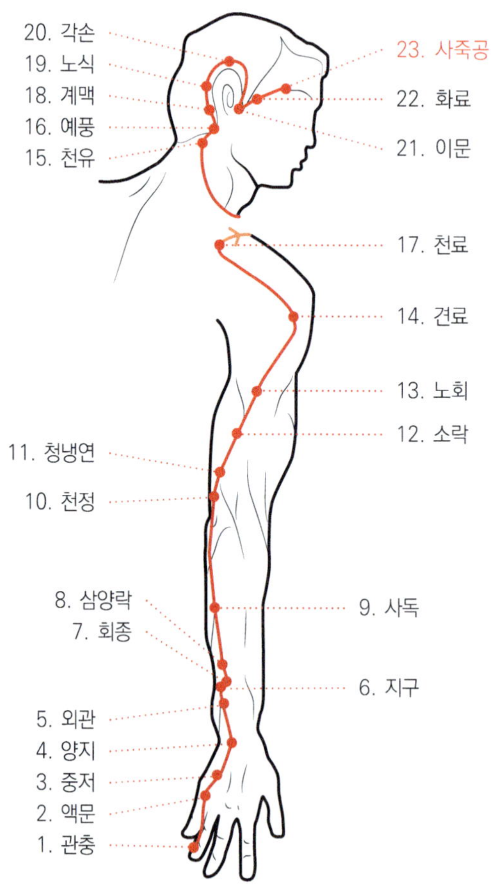

(3) 우리 몸의 음경락

앞서 양(陽)경락 특히 얼굴 부분과 관련된 경락을 살펴봤다면 남은 6개의 음(陰)경락을 보고자 한다. 음(陰)경락은 주로 몸 안쪽 부분인 가슴, 복부, 팔, 다리 안쪽 등에 흐르는데 얼굴 피부와 연관이 없어 보일 수 있으나 음(陰)경락은 기혈(氣血)을 만들고 저장하는 부분이기 때문에 음(陰)경락의 흐름이 결국 얼굴에 드러나는 광채, 얼굴 톤, 탄력을 결정하는 역할을 한다고 볼 수 있다.

즉, 안쪽 장부(음경락)의 분제가 바깥쪽(양경락)으로 나타나기도 하고 또는 반대로 바깥쪽(양경락)의 문제가 안쪽(음경락)으로 나타나기도 하기 때문에 음경락과 양경락은 이어진 표리(表裏) 관계라고 볼 수 있다.

1) 수태음폐경(手太陰肺經)

이 경락은 호흡과 피부장벽의 총지휘자라고 볼 수 있다. 복부에서 시작하여 위로 올라와 쇄골 아래에서 체표로 나와 팔 안쪽을 따라 내려가 엄지손가락 끝에서 끝난다. 기(氣)를 주관하고 호흡을 다스리는데, 폐는 피부를 주관한다고 할 만큼 피부 컨디션, 체온 조절, 피부의 방어력 역할인 피부장벽에 직접적으로 관여한다고 볼 수 있다. 이 경락의 흐름이 끊기면 피부가 전체적으로 건조하여 푸석하고 윤기가 없고, 피부장벽이 약해져 문제성 피부의 원인이 될 수 있다. 또한 창백하고 생기가 없어 보이는 것이 특징이다. 관리를 들어간다면 피부장벽 강화, 보습력, 피부호흡 정상화, 안색개선 등을 관리해 줄 수 있고, 산소(O_2) 관리와, 데콜테 관리, 쇄골 아래 중부혈에서 팔 안쪽의 라인을 따라 관리해 주면 좋다. 추천 성분은 세라마이드, 판테놀, 히알루론산 등을 추천한다.

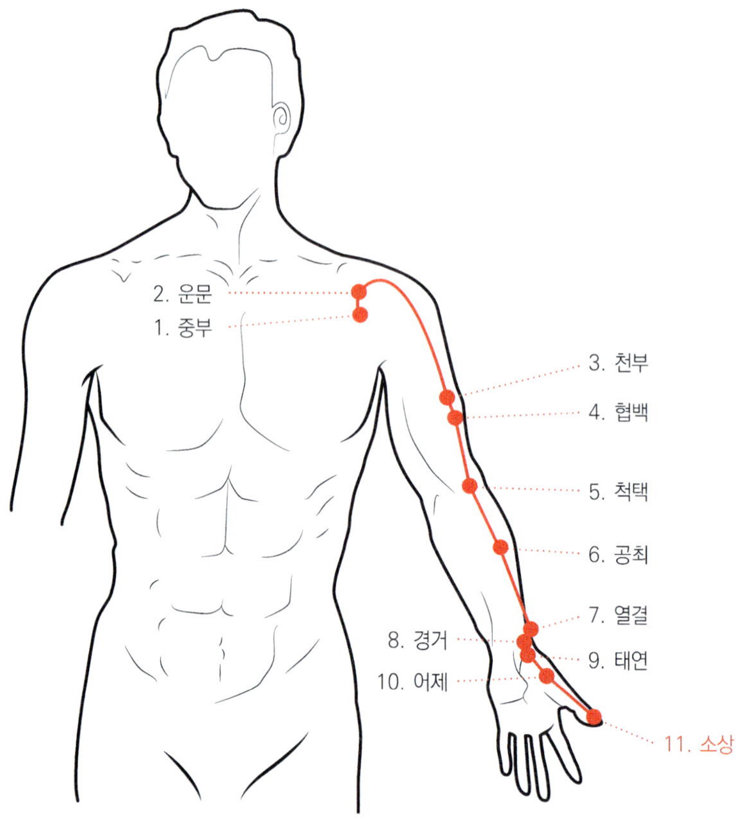
2. 운문
1. 중부
3. 천부
4. 협백
5. 척택
6. 공최
7. 열결
8. 경거
9. 태연
10. 어제
11. 소상

2) 수궐음심포경(手厥陰心包經)

이 경락은 감정 스트레스를 조절하는 역할을 한다. 가슴 중앙에서 시작해 팔 안쪽 정중앙을 따라 내려가 중지 끝에서 끝나는 흐름이다.

심포는 심장을 싸고 있는 막으로 심장을 외부의 충격으로부터 보호하고 스트레스 등의 정신적 충격으로부터 보호하는 역할을 한다.

이 흐름이 끊기면 스트레스로 인한 홍조, 트러블 등의 스트레스성 문제성 피부가 나타날 수 있다.

이런 사람들은 스트레스에 취약하고 감정 변화가 많기 때문에 심리적 안정감을 주는 관리가 좋고 가슴 정중앙 단중혈과 팔 중앙 라인을 따라 관리해 주면 된다.

추천 성분은 진정에 도움을 주는 라벤더, 베르가못, 유칼립투스, 오렌지, 일랑일랑, 레몬그라스 등의 에센셜오일로 호흡 관리를 추천한다.

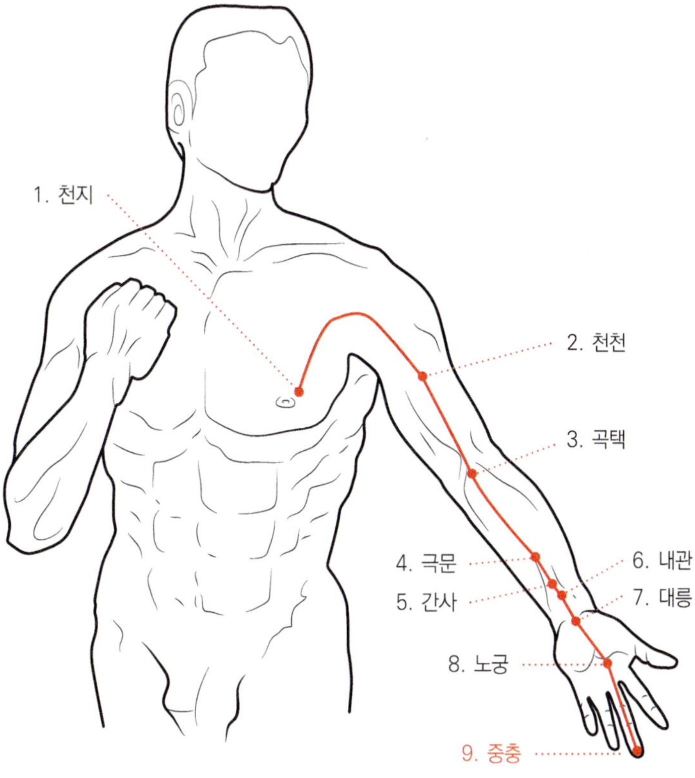

3) 수소음심경(手少陰心經)

이 경락은 혈액순환의 총괄이라고 볼 수 있다. 심장에서 시작해 팔을 따라 내려가 소지 안쪽 끝에서 끝난다. 혈액을 전신에 보내는 역할과 사람의 의식, 감정에 관여한다.

이 흐름이 끊기면 안색이 창백해지거나 어두워지고 입술색도 희미해진다. 또한 심장에 열이 많으면 얼굴이 붉어지고 염증이 잘 생긴다. 그렇기 때문에 혈색 및 안색을 관리하면 좋고 겨드랑이, 팔 안쪽의 뒤쪽 라인, 새끼손가락 등을 관리해 주면 좋다.

심경의 시작점인 겨드랑이 깊은 곳 극천혈을 자극해 주면 된다. 추천 성분은 비타민C로 활력 및 브라이트닝 관리를 추천한다.

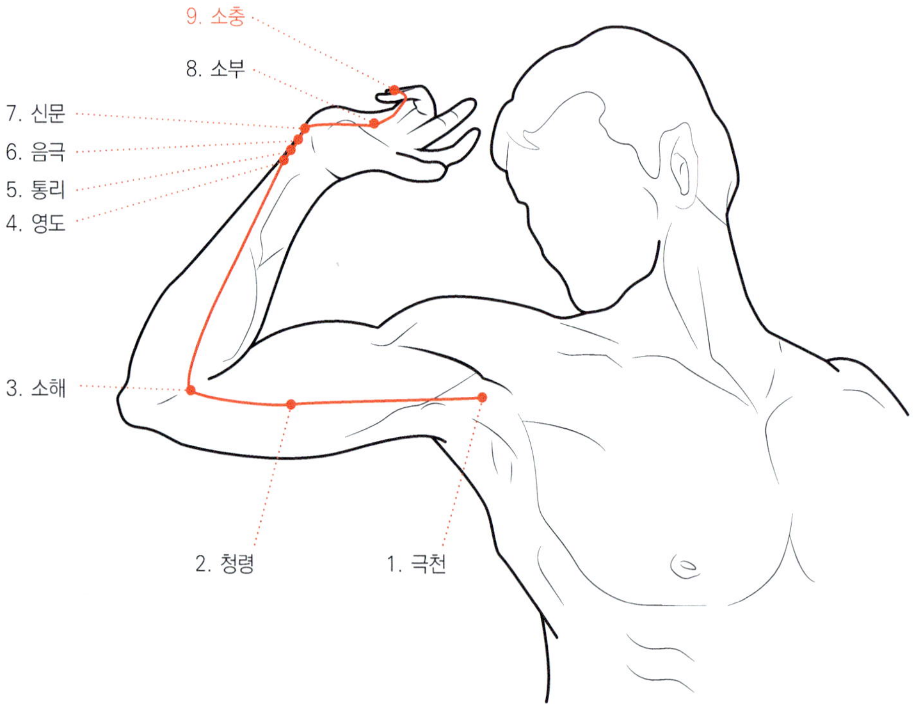

4) 족태음비경(足太陰脾經)

이 경락은 피부의 영양과 탄력에 관여한다. 엄지발가락 안쪽에서 시작해 다리 안쪽을 따라 복부로 올라와 가슴 측면에서 끝난다.

소화한 음식물을 기혈을 만들어내는 근본적인 역할이다. 혈액이 혈관 밖으로 새어나가지 않도록 통혈 기능과 인체의 장기와 조직이 아래로 처지지 않도록 끌어올리는 승거 기능을 한다.

비위 기능이 약하면 영양 공급이 부족해 피부가 누렇게 뜨고, 탄력이 떨어지고, 몸이 잘 붓는다. 또한 입술 각질이 잘생길 수 있다.

에스테틱에서는 리프팅, 탄력, 부종 완화 등의 관리를 할 수 있고, 비위를 직접적으로 관리할 수 있는 복부 관리와 다리 안쪽의 비경라인을 관리해 주면 좋다.

추천 성분은 탄력과 영양을 줄 수 있는 펩타이드를 추천한다.

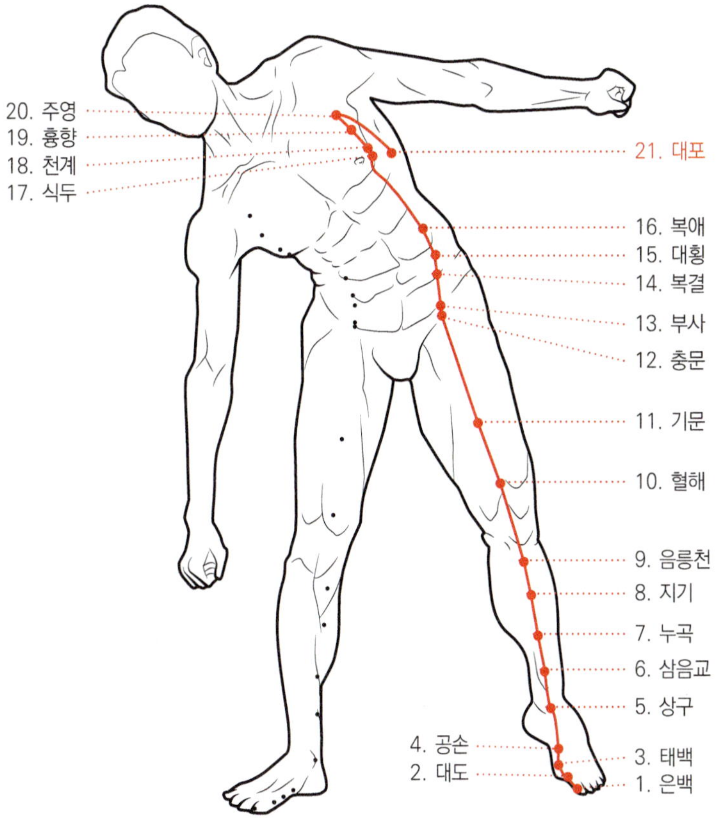

5) 족소음신경(足少陰腎經)

이 경락은 생명력과 노화의 뿌리라고 볼 수 있다. 발바닥 중앙의 용천혈에서 시작해 다리 안쪽 뒷라인을 따라 복부를 지나 가슴 쇄골 아래에서 끝난다.

신경은 부모로부터 물려받은 선천적인 생명에너지(정, 精)를 저장하는 부분이다.

이 흐름이 끊기면 즉, 신장의 정기가 고갈되면 노화가 급격히 진행되고, 뼈와 관련이 깊어 얼굴 골격 변화로 인해 볼 파임, 늘어짐 등 그리고 귀 주변과 턱 라인이 무너지고 수분 대사 문제로 다크서클이 나타날 수 있고 피부는 건조해질 수 있다.

이 경우 노화 방지를 위한 안티에이징 관리와 보습 관리 등을 해주면 좋다.

발바닥의 신장인 용천혈을 따라 복부 관리 등을 추천하고 히알루론산 등의 성분은 추천한다.

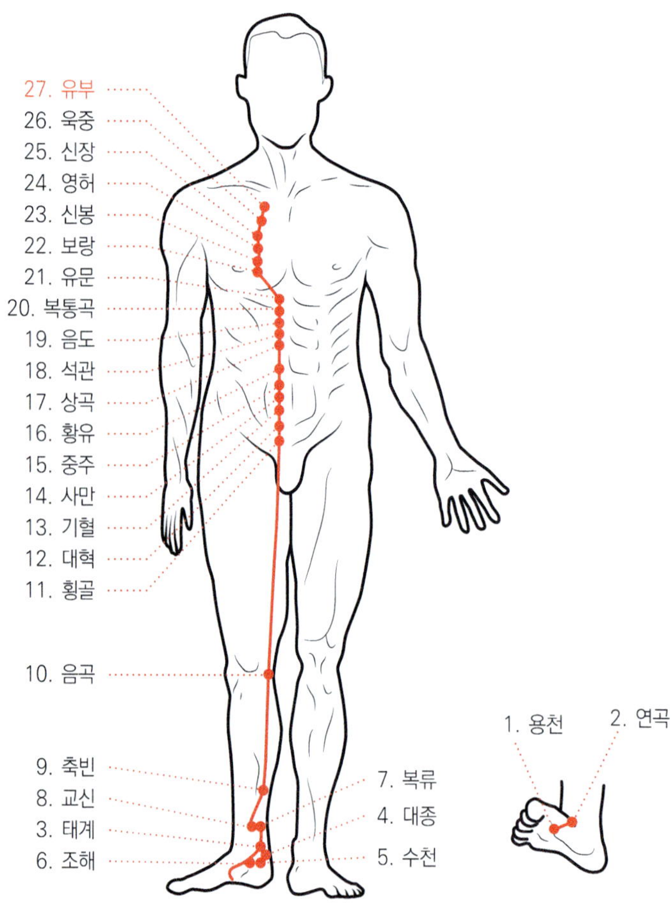

6) 족궐음간경(足厥陰肝經)

이 경락은 몸의 전반적인 해독에 관여하는 경락이다. 엄지발가락 옆에서 시작해 다리 안쪽을 따라 올라와 생식기를 감싸고 복부를 지나 갈비뼈 아래에서 끝난다. 우리 몸의 기(氣)가 막힘없이 흐르도록 하는 역할과 혈액을 저장하고 해독에 관여한다. 이 흐름이 끊기면 기혈 순환이 정체되어 안색이 어두워지고 기미나 색소침착이 쉽게 생긴다. 특히 간반이라고 하는 기미가 광대 주변에 생긴다. 독소배출과 기미 관리, 스트레스 해소 등의 관리가 들어가며 허벅지 안쪽, 옆구리, 복부 등을 집중적으로 해주면 좋다. 또한 담경 관리와 함께하면 효과는 극대화된다.

글루타치온, 알부틴 그리고 디톡스 성분을 추천한다.

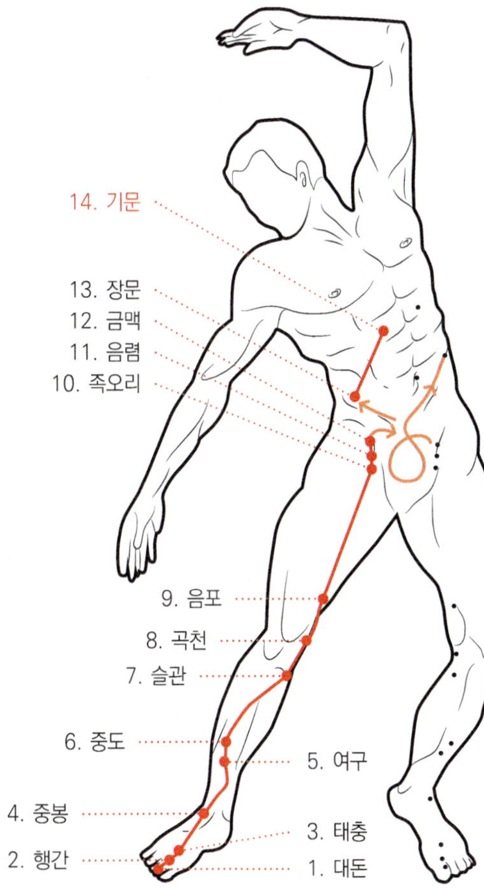

제5장

에스테틱 윤곽 데콜테 관리

AESTHETIC PRINCIPLES AND PRACTICE

1. 얼굴 윤곽과 인상

사람의 인상은 단 0.1초 만에 형성된다. 이 짧은 시간 동안 사람들은 얼굴의 윤곽, 대칭성, 피부 상태 등을 통해 상대방의 성격, 신뢰감, 전문성 등을 무의식적으로 판단한다. 눈, 코, 입 같은 개별 이목구비보다 먼저 시야에 들어오는 것은 얼굴의 전체적인 외곽선이다. 따라서 얼굴 윤곽은 단순히 외모를 결정하는 요소가 아니라 심리적, 사회적 인상을 좌우하는 핵심 구조이다.

진화심리학에서는 좌우대칭성을 유전적 건강성과 연결 짓는다. 좌우가 대칭적인 얼굴은 더 매력적이고 신뢰할 수 있는 인상으로 해석된다는 연구도 있다.

또한 '황금비율(1:1.618)'은 오랜 시간 미의 척도로 여겨져 왔으나, 실제 임상에서는 일률적 비율보다는 요소 간 '관계와 균형'이 더 중요하다는 것이 현대적 시각이다.

이 장에서는 얼굴 윤곽이 인상 형성에 미치는 과학적·심리적 배경을 다루고, 상담 시 고객에게 인상을 설명하는 언어의 전략까지 포함한다.

2. 윤곽을 결정하는 네 가지 구조

윤곽은 단일 구조로 설명되지 않는다. 임상적으로는 골격, 지방, 근육, 피부라는 네 가지 층위가 복합적으로 작용한다.

첫째, 골격은 얼굴의 기초적인 틀을 결정한다.

광대가 전방 또는 측방으로 돌출되어 있는가, 하악각이 넓은가, 턱끝이 전진형인가 후퇴형인가 등은 인상을 크게 바꾼다.

둘째, 지방 패드는 Rohrich & Pessa(2007)의 연구에 따르면 각기 다른 층위와 구획(compartment)으로 나누어져 있으며, 노화에 따라 이들이 이동하거나 꺼지면서 중안면 처짐, 이중턱, 볼륨 꺼짐 등이 발생한다.

셋째, 근육의 불균형은 교근 비대, 측두근 긴장, SCM의 단축 등으로 인해 윤곽을 흐리게 한다. 특히 한쪽으로만 씹는 습관은 비대칭을 가중시킨다.

넷째, 피부는 콜라겐과 엘라스틴이 감소하면서 탄력이 저하되며, 이는 피부의 드레이프 현상으로 이어진다. Fisher et al.(2008)은 노화와 함께 진피 내 섬유아세포가 기능을 상실하는 과정을 상세히 보고했다.

3. 데콜테와 윤곽의 연결성

윤곽 데콜테 교육의 핵심은 '얼굴은 목과 가슴 위에 놓인 구조물'이라는 해부학적 시각이다. SCM(흉쇄유돌근)은 얼굴 측면 턱선과 직접적으로 연결되어 있으며, 이 근육의 긴장 또는 단축은 이중턱과 측면 광대의 부종으로 이어진다. 승모근은 어깨라인과 목 길이를 결정하며, 이 부위가 단축되면 목이 짧아 보이고 얼굴의 중심이 아래로 쏠리는 현상이 발생한다. 또한 림프 흐름은 귀 뒤-쇄골 상부-겨드랑이로 이어지며, 이 흐름이 원활해야 하악부의 부종이 빠르게 배출된다. 데콜테 마사지는 얼굴 관리와 동시에 진행되어야 진정한 '라인 정리'가 가능해진다.

실제로 고객님들이 윤곽 관리 시작 전 데콜테 관리만으로도 기대 이상으로 느껴지는 즉각적인 변화로 많은 만족한다. 예외로 윤곽이나 데콜테를 교육받으러 오시는 원장님들의 고민 중 하나가 윤곽 관리와 동시에 데콜테 관리를 진행한 결과만큼의 턱선이 드러나지 않을 때, 데콜테 압박 또는 승모근 긴장 문제가 병존하는 경우가 많았다.

데콜테 부위는 림프절이 밀집된 부위로 림프 순환이 원활해야 얼굴의 부종을 효과적으로 제거할 수 있다. 림프 순환이 원활하지 않으면 얼굴에 노폐물이 쌓여, 부기가 생기고 윤곽이 흐릿해질 수 있다. 데콜테 관리를 통해 림프 순환을 촉진하면 얼굴과 목 주변에 쌓인 노폐물이 배출되고, 얼굴 윤곽이 더 날렵하게 보이게 된다.

혈액 순환을 촉진하면 얼굴로 가는 혈류가 증가하여 피부에 더 많은 산소와 영양분이 공급된다. 얼굴 피부가 더 생기 있어 보이고, 피부 톤이 밝아지며, 탄력이 개선된다.

혈액 순환이 원활해지면 얼굴 근육의 긴장도 줄어들어 윤곽이 더욱 뚜렷해진다. 목과 어깨 근육이 긴장되면, 얼굴 윤곽 직접적인 영향을 미친다. 특히, 승모근이나 견갑거근이 긴장될 경우 목과 턱선이 함께 당겨지면서 턱선이 둔해 보이거나 얼굴이 커 보일 수 있다. 데콜테 관리 시 어깨와 목 부위의 근육을 이완시키면, 얼굴 근육과 목선이 자연스럽게 이완되어 더 선명한 윤곽을 만들 수 있다. 윤곽 데콜테 관리는 목과 어깨의 긴장을 풀고, 림프 및 혈액 순환을 촉진하여 얼굴의 부기와 노폐물을 제거하여 얼굴과 목이 자연스럽게 연결된 조화로운 윤곽을 만들어내는 데 효과적이다.

이때 가장 중요한 핵심은 각자마다의 근막의 질과 노폐물의 정도, 림프 순환 정도에 따라 테크닉의 압과 테크닉 방향, 테크닉의 순서 등 문제점의 포커스를 맞춰서 각기 다 다르게 진행될 수밖에 없다는 점을 인지하고 시행하는 게 효과적이다.

4. 연령별 윤곽 전략

노화는 단순히 피부의 문제만이 아니다. 골격이 후퇴하고, 지방은 하방으로 이동하고, 근육은 과긴장 또는 위축되며, 피부는 늘어진다. 20대는 부기와 좌우 불균형이 주요 이슈이며, 이 시기에는 교정 습관과 가벼운 RF 또는 림프 관리를 중심으로 구성한다. 30대는 광대 하부 볼륨 소실과 팔자 음영이 시작되며, 고주파 및 HIFU를 통한 콜라겐 재생이 권장된다. 40대 이후는 다중 레이어의 노화가 동시다발적으로 발생하므로, 지방 볼륨 재배치(필러 또는 이식), 실 리프팅, 고강도 에너지 기기의 병행이 필요하다. 이처럼 병원의 시술도 잘 맞춰서 받는다면 만족하는 효과를 얻을 수 있지만 최상의 효과를 얻기 위해서는 기초체력 즉 기본적인 근육과 근막의 컨디션을 최상으로 만들어두고 나서 병원 시술을 진행하는 것이 더 효과적이고 오래가며 만족도가 높을 것으로 예상한다. 그래서 손상 없고 건강한 윤곽 관리를 꾸준히 진행하면서 최상의 근육 컨디션을 다져둔 다음 가장 마지막 관문의 문제점을 병원 시술의 힘을 빌리는 것을 추천한다.

5. 라인을 바꾸는 손끝: 근막, 통증점, 그리고 순환의 기전

(1) 트리거 포인트(Trigger Point)

지속적인 긴장이나 스트레스로 인해 근육 내에 발생하는 작은 결절 형태의 압통점(TP)은 근육에 과도한 스트레스가 쌓이거나 부상 후 회복 과정에서 생길 수 있으며, 압력을 받으면 통증을 유발하고, 심지어 통증이 다른 부위로 방사(방사통)되기도 한다.

TP는 주로 근육에 위치하지만, 주변의 근막(근육을 감싸는 얇은 조직)에서도 발생할 수 있다. 근육의 과도한 긴장과 수축으로 인해 근섬유가 지속적으로 짧아지면, 해당 부위의 근섬유들이 충분히 이완되지 못하여 국소적으로 뭉치게 된다. 이 과정에서 결절(트리거 포인트)이 형성되며, 이는 근육 내 국소적인 압박점이나 뭉침이 발생하게 되고 또, 근섬유가 계속해서 수축된 상태로 유지되면, 그 부위로 가는 혈액 공급이 제한되고 혈액이 충분히 공급되지 않으면 근섬유는 산소와 영양소가 부족한 상태가 되고, 이로 인해 노폐물이나 대사 부산물(예: 젖산 등)이 쌓인다. 이러한 스트레스 물질의 축적은 근육 세포에 자극을 주고, 결과적으로 통증과 더 큰 긴장을 유발한다.

이 상태가 지속되면 통증뿐만 아니라 근육의 기능이 저하되어 운동 범위가 줄어들고, 근육이 더 쉽게 피로해질 수 있다. 근육 경직, 피로, 연관 통증 등의 증상으로 이어질 수 있다. 결론적으로, 이러한 과정이 반복되면서 근섬유가 계속해서 비정상적인 수축 상태를 유지하게 되고 근육 긴장과 통증의 악순환을 계속 초래하게 된다.

TP의 가장 높은 발생 요인은 장시간 고정된 자세, 운동 부족, 체내 수분 부족, 불균형한 근육 사용, 영양 결핍이 손꼽힌다. 또, 발생 이유는 반복적인 근육 사용, 근육 과부하, 부상 및 외상, 부적절한 자세, 스트레스 및 긴장이라 생각한다.

(2) 트리거 포인트를 가장 효과적으로 압박하는 가이드라인

처음에는 부드럽게 시작해야 한다. 트리거 포인트를 처음 압박할 때는 부드럽게 시작하는 것이 좋다. 근육이 민감하거나 너무 경직되어 있을 수 있기 때문에, 지나치게 강한 압박은 근육을 더욱 긴장시키고 통증을 악화시킬 수 있기 때문이다.

'편안한 통증'을 기준으로 관리하여야 한다. 압박 시 느껴지는 통증은 5~7 정도의 강도여야 한다(10이 가장 큰 통증). 이 정도의 통증은 불편할 수 있지만, 견딜 수 있고, 이완을 유도할 수 있는 적절한 자극한다. 압박 후 통증이 줄어들고 근육이 이완되기 시작하면(유연해지고 통증이 줄어듦) 압력을 유지하면서 트리거 포인트를 풀어준다.

약 30초에서 90초 정도 압박하는 것이 적절하다. 시간이 지나면서 통증이 감소하거나 근육이 이완되는 느낌이 들면, 압박을 천천히 풀어준다(고객과 소통). 적절한 압박 강도는 견딜 수 있는 정도의 통증이 느껴지는 수준으로 약간의 불편함이 있더라도 지나치게 강한 통증은 피해야 한다. 너무 강한 압박은 근육조직의 과도한 자극과 근육을 더 긴장시키거나 손상시킬 수 있으므로 부드럽게 시작하여 점차 압력을 조절하는 것이 효과적이다.

근육의 결 순서대로 관리한다. 근육의 결대로 이완을 먼저 시키고 결 반대로 스트로크하여 노폐물을 배출시킨다. 테크닉을 진행하면서 근육의 유연함을 체크해야 하는데 조금 유연해지고 단단함이 풀려서 부종이 줄어들면 다시 근육의 결대로 스트레칭 이완을 시켜 마무리하는 테크닉을 진행하는 것이 좋다.

또한 크게 만성과 급성으로 구분을 하는데 만성은 오래 지속되어 노폐물의 축적이 오래되었으므로, 초기촉진은 통증이 작고 근막이완과 노폐물 배출과 혈액순환이 되고 나면 통증을 느끼는 케이스가 많고, 급성은 초기 촉진 시 통증이 높고 이완과 순환 후엔 통증이 줄어드는 경우가 많다. 촉진으로만 판단이 어렵다면 촉진법으로 촉진 후 고객의 반응을 살피면서 소통하며 케어를 진행해도 좋다.

6. 윤곽 관리 실무

(1) 신체 윤곽에 관여하는 주요 근육들

1) 대흉근(Pectoralis Major)

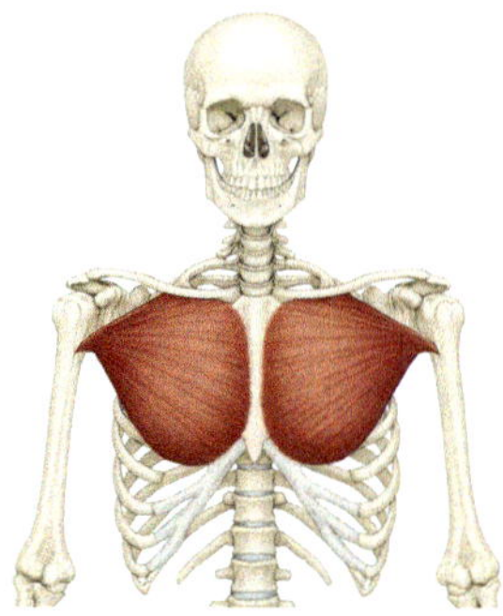

기능	상완을 굽히고 내회전시키며, 몸통 쪽으로 끌어당김
문제	어깨가 말리며 상체가 전방으로 밀려나 얼굴과 데콜테 라인의 좌우비대칭을 유발
팁	폼롤러 위에서 대흉근 스트레칭 → 흉곽 개방 및 어깨 균형 회복

2) 소흉근(Pectoralis Minor)

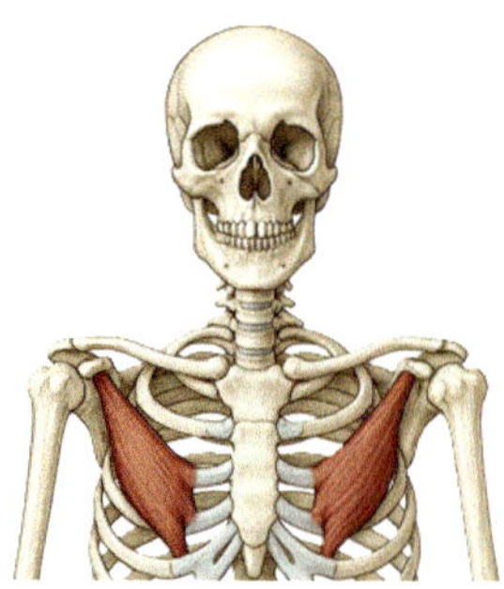

기능	견갑골을 전방·하방으로 끌어내림
문제	비정상적인 견갑골 위치 → 쇄골·목 라인의 비대칭 유발
팁	손을 벽에 대고 체측 회전 스트레칭 (바이셉 스트레치와 결합 시 효과적)

3) 넓은목근(Platysma)

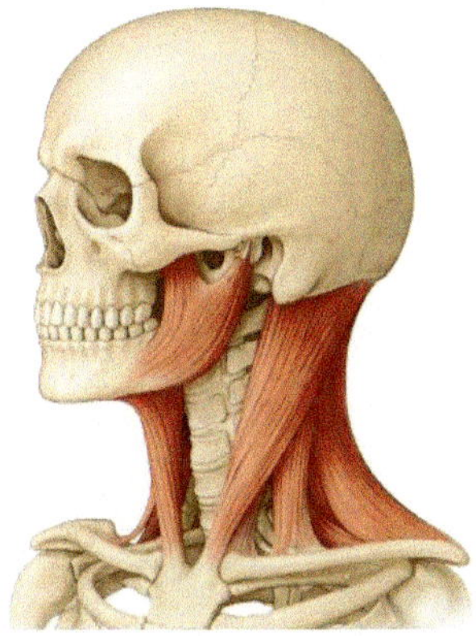

기능	입꼬리 하강, 목 피부 긴장 유지
문제	이완 시 이중턱, 턱선의 흐려짐 → 아래 윤곽 불명확
팁	턱끝을 들어 올려 "이~" 발음 10초 유지 반복

4) 흉쇄유돌근(SCM)

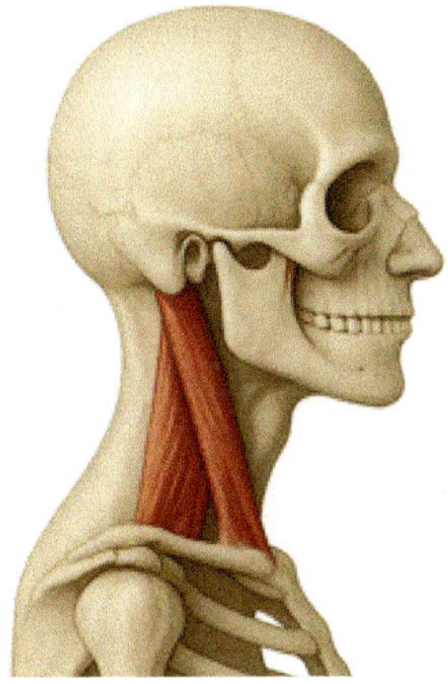

기능	머리 회전·측굴
문제	단축 시 얼굴이 한쪽으로 틀어져 보이며, 턱 비대칭이 심화됨
팁	반대 손으로 쇄골 고정 후 고개를 천천히 반대 방향으로 젖히기

5) 사각근(전·중·후)(Scalene Group)

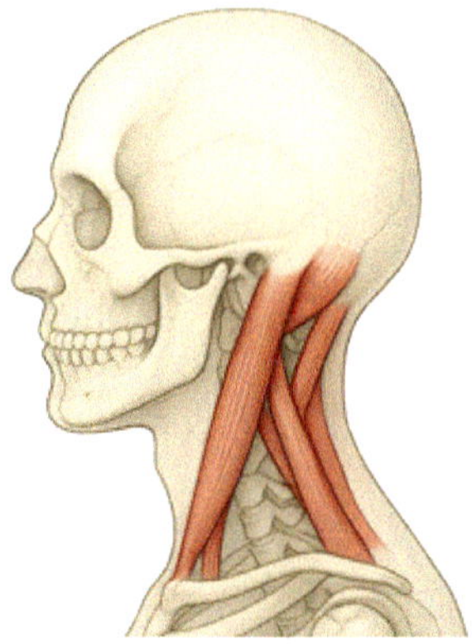

기능	흉곽 거상, 경추 안정화
문제	긴장 시 턱 앞당김, 목 비대칭
팁	귀 반대 손으로 머리를 당기며, 깊은 호흡 유지

6) 승모근(Trapezius)

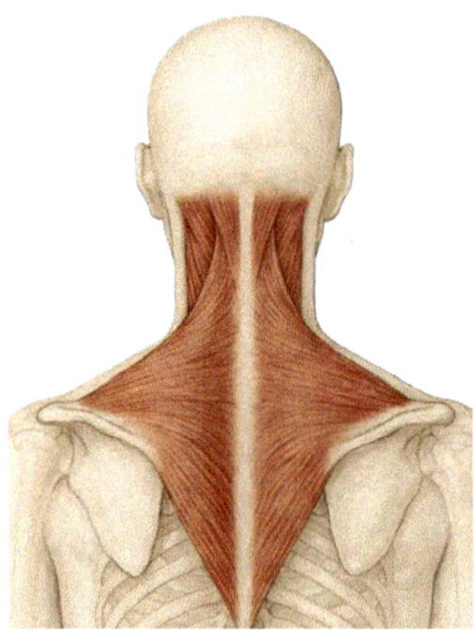

기능	견갑골 승강·내전·하강
문제	상부 과사용 시 목이 짧아 보이며, 턱·광대 균형 흐트러짐
팁	견갑골 내림 훈련과 함께 어깨 귀 내리기 운동

7) 능형근(Rhomboids)

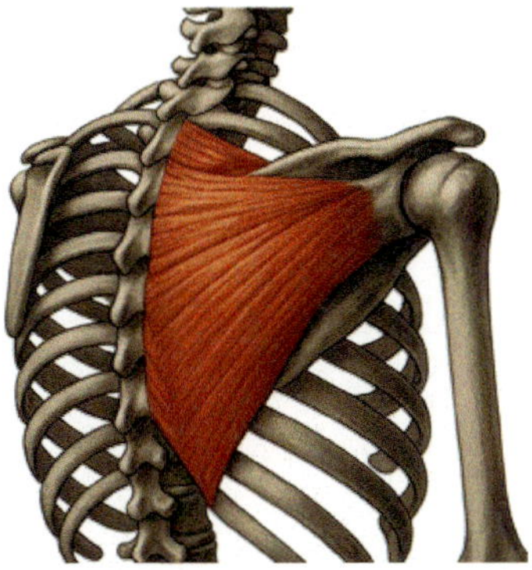

기능	견갑골 후인 및 내전
문제	약화 시 어깨 라인 둥글어지고 흉추부 돌출 → 상체 윤곽 흐림
팁	견갑골 조임 동작(스카풀라 리트랙션) 3세트 반복

8) 견갑거근(Levator Scapulae)

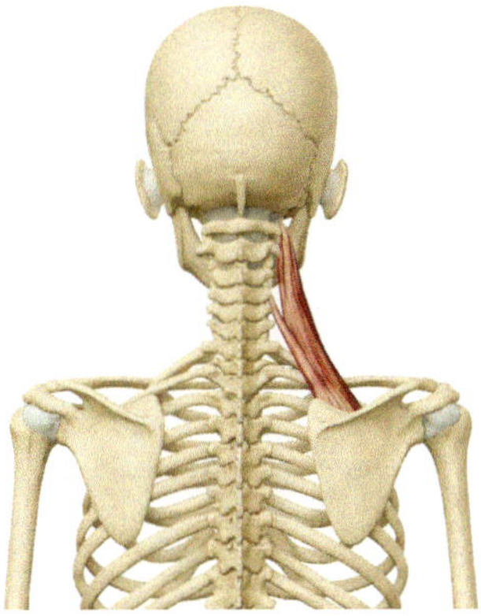

기능	견갑골 거상
문제	한쪽만 단축 시 어깨 높낮이 차이 → 얼굴 길이 왜곡
팁	고개 숙인 상태에서 45도 방향으로 측면 스트레칭

9) 판상근(Splenius Capitis)

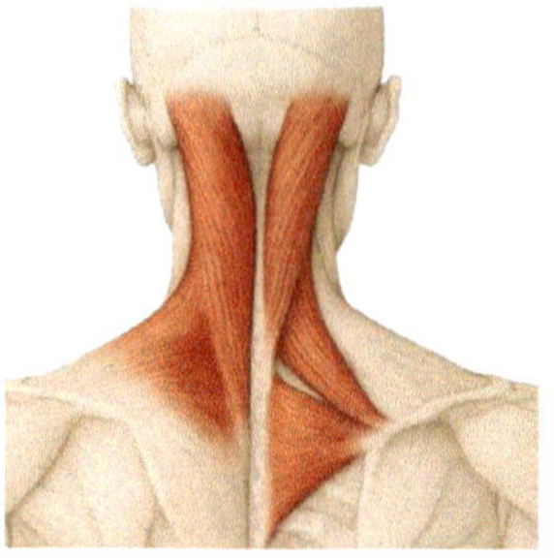

기능	- 경추의 신전(뒤로 젖힘) 및 동측 회전에 관여 - 머리를 한쪽으로 돌리거나, 정면에서 정렬된 자세를 유지할 때 쓰이는 근육
문제	- 긴장 시 목이 한쪽으로 돌아간 자세 고정 - 얼굴이 좌우 중 하나로 비틀려 보이며 턱선 및 눈썹 정렬 흐트러짐 - 옆모습 기준 머리 위치가 뒤로 빠지거나 한쪽으로 돌아감
팁	- 수건 턱 당기기 + 머리 정렬 유지 훈련 - 벽에 등을 붙이고 머리를 벽에 닿게 하여 정렬 유지 10초 유지, 좌우 교대 반복

10) 후두하근 Suboccipital)

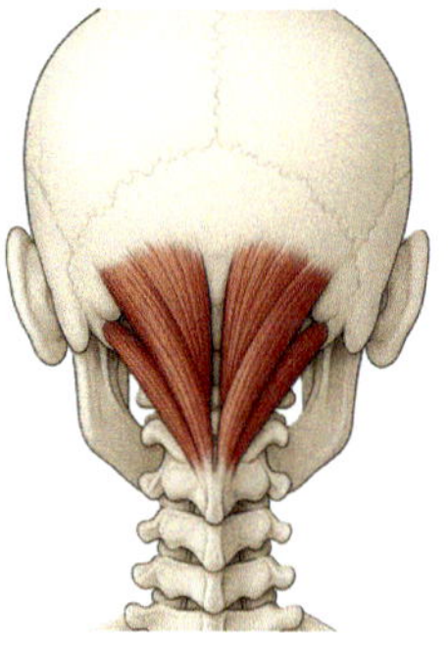

기능	머리 균형 조절, 눈의 정렬과도 연관
문제	- 긴장 시 고개가 앞쪽으로 쏠리는 거북목 자세 유발 - 얼굴 하관이 뒤로 눌려 보이고, 턱 라인이 처져 보임 - 눈-턱 라인이 일직선이 되지 않고 경사짐
팁	턱 당기기 훈련(Chin tuck) → 바른 경추 라인 유지

11) 반극근(Semispinalis Capitis)

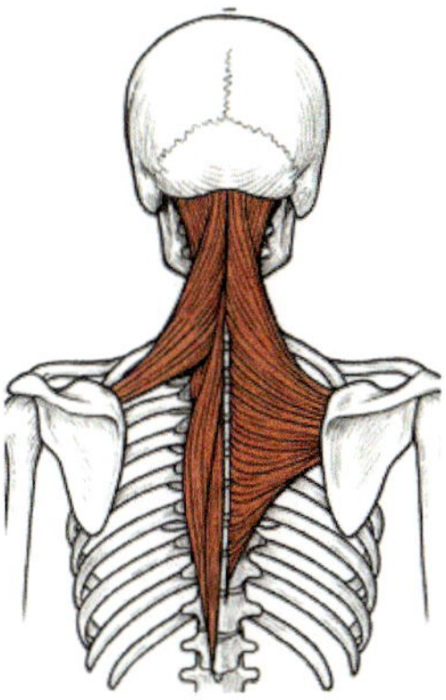

기능	- 경추와 두개골을 연결하며, 목의 신전과 약간의 회전 기능에 관여 - 목 뒤쪽에서 두피까지 연결되어 두부 안정화에 도움
문제	- 과도한 긴장 시 뒷목이 뻣뻣해지고, 고개가 뒤로 젖혀진 채 굳어짐 - 이로 인해 턱이 들려 보이고, 얼굴 하관이 뒤로 후퇴한 인상 유발 - 좌우 불균형 시 목 좌우 회전 제한 → 얼굴 비대칭 유발
팁	- 고개 숙이기 → 천천히 정면으로 들어 올리기 운동 - 스트레칭 시 어깨와 귀 사이의 거리 늘리기 훈련 병행

12) 소원근(Teres Minor)

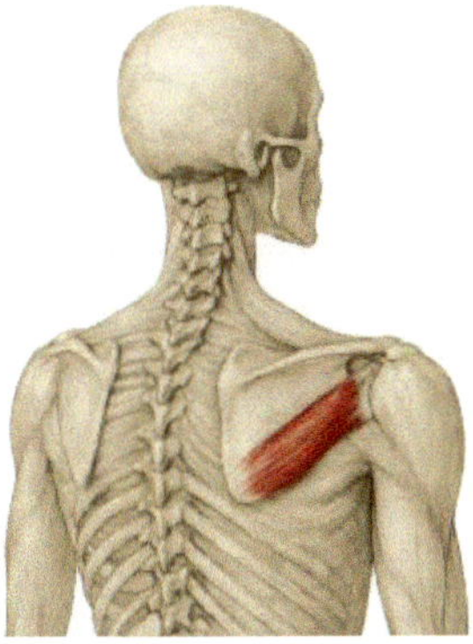

기능	상완 외회전
문제	어깨 관절 불균형 → 견갑골 불안정 → 상체 비대칭
팁	어깨 밴드 외회전 운동으로 근 활성화

13) 설골근군(Suprahyoid Muscles)

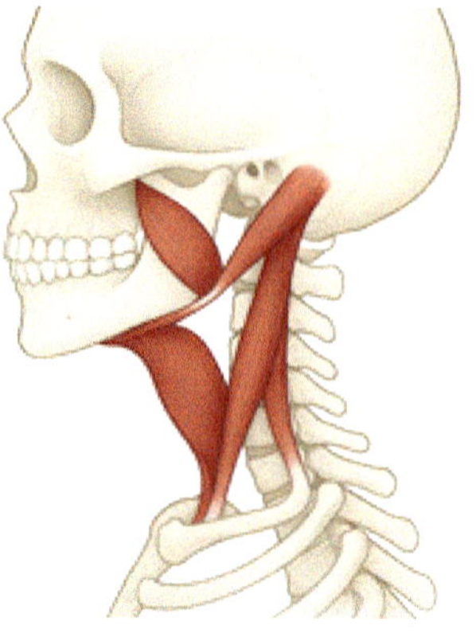

기능	- 혀의 움직임, 턱의 개폐, 삼킴 등에 관여하는 소근육 그룹 - 턱끝에서 목 중간의 설골(hyoid bone)까지 분포
문제	- 이중턱 형성, 턱 밑살 늘어짐의 핵심 요인 - 약화 시 턱선이 흐려지고, 중안면과 하관의 분리감이 사라짐 - 하악 윤곽 라인 탄력 저하
팁	- 혀 밀기 운동 → 혀끝으로 입천장을 강하게 민 채 10초 유지, 이때 설골이 들려 올라가는 느낌 확인, 하루 3회 반복 시 하악 리프팅 효과

(2) 얼굴 윤곽과 직결되는 표정 근육들

※ 안면 근육은 대부분 표정, 턱 움직임, 입술·광대의 위치에 관여하며, 좌우 긴장도 차이에 따라 얼굴 비대칭을 초래한다.

1) 턱끝근(Mentalis)

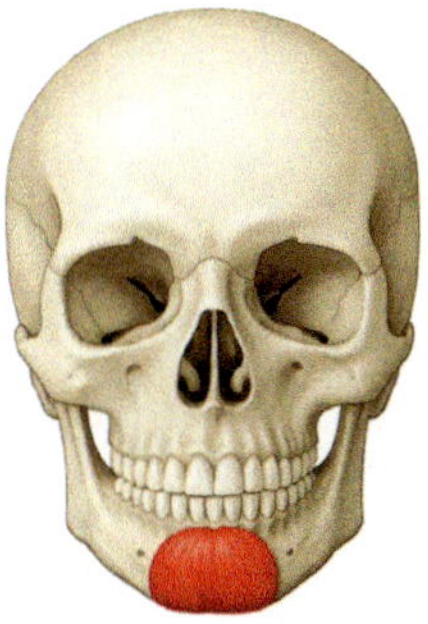

기능	턱끝을 위로 당김
문제	턱끝 비대칭, 이중턱 강조
팁	입술을 꾹 다문 상태에서 턱끝을 살짝 올리며 좌우 비대칭 확인 → 좌우 반복 운동

2) 아랫입술내림근(Depressor Labii Inferioris)

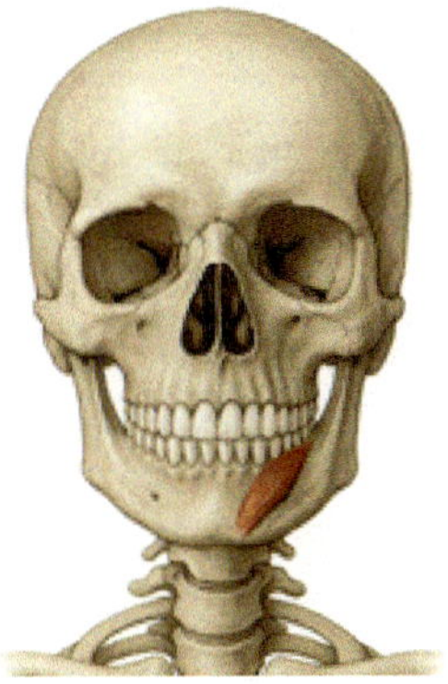

기능	아랫입술 하강
문제	비대칭 웃음, 턱선 일그러짐
팁	입술을 벌린 채 한쪽씩 내렸다 올리기 운동

3) 입꼬리내림근(Depressor Anguli Oris)

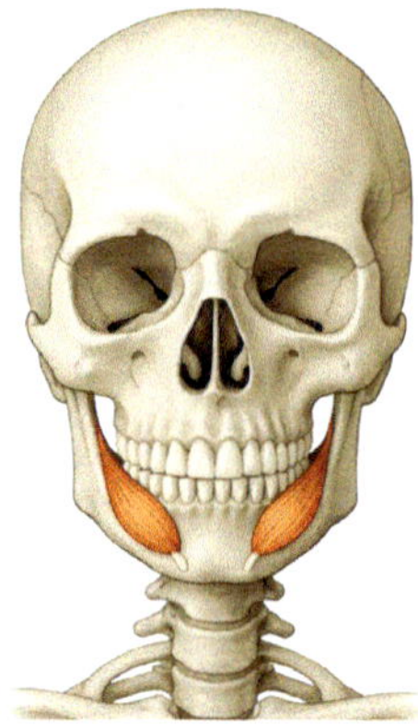

기능	- 입꼬리를 아래쪽으로 끌어내려 우울하거나 불만스러운 표정을 만들게 함 - 얼굴 하부 라인의 감정 표현 관여
문제	- 입꼬리 비대칭, 무표정 시 우울 인상 - 한쪽만 긴장 시 입꼬리 처짐과 턱선 왜곡
팁	- 입꼬리 들어 올리는 저항 운동(위 방향으로 올리고 손가락으로 가볍게 누르기) - 입꼬리 주변 근막 릴리즈 → 하악골 라인 따라 부드럽게 풀어줌
촉진	입꼬리 바로 아래, 턱 방향으로 수직 위치 → 입꼬리 내릴 때 턱 측면 바깥쪽에서 단단히 수축

4) 입꼬리당김근(Risorius)

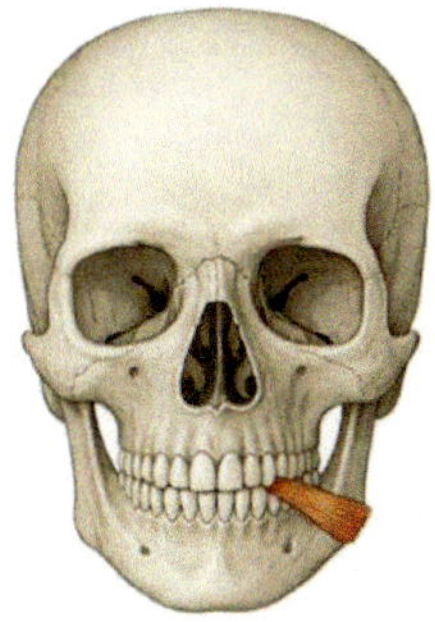

기능	- 입꼬리를 수평 방향(귀 방향)으로 끌어당기는 얕은 근육 - 자연스러운 '얇은 미소' 또는 '조금 웃는 표정' 표현에 사용
문제	- 편측 사용 시 입꼬리 위치 불균형 - 얕은 층에서 과긴장 시 표정 경직, 입꼬리 당겨짐 고정화
팁	- 얕은 층 마사지 → 귀 방향으로 늘려주는 스트로크 - 발음 훈련("이~" 소리, 히히히 등)으로 자연스러운 좌우 균형 훈련
촉진	입꼬리 양옆에서 귀 쪽으로 수평 위치 → 미소 지을 때 얇고 납작하게 수평 방향으로 팽팽하게 당겨짐

5) 볼근(Buccinator)

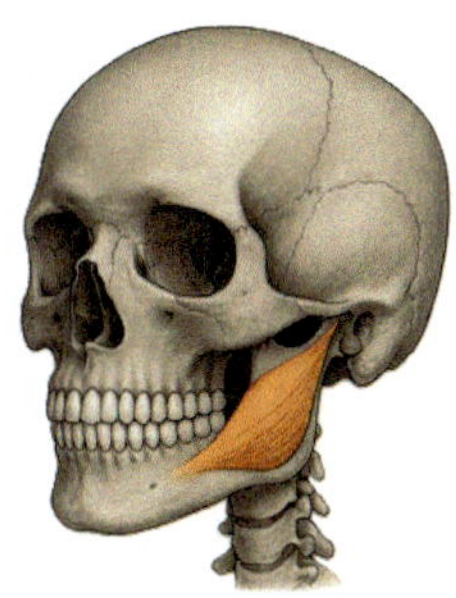

기능	뺨을 안쪽으로 밀착시켜 음식 씹을 때 음식이 밖으로 빠지지 않게 유지
문제	- 긴장 시 불필요한 광대 확장감 - 무표정 시 불만스러운 인상
팁	입안에 공기 넣고 빵빵하게 부풀렸다가 빼는 '풍선 운동'으로 유연성 강화
촉진	입가와 광대 사이, 뺨 안쪽 깊숙한 부분

6) 광대근(Zygomaticus Minor/Major)

작은광대근(Zygomaticus Minor)

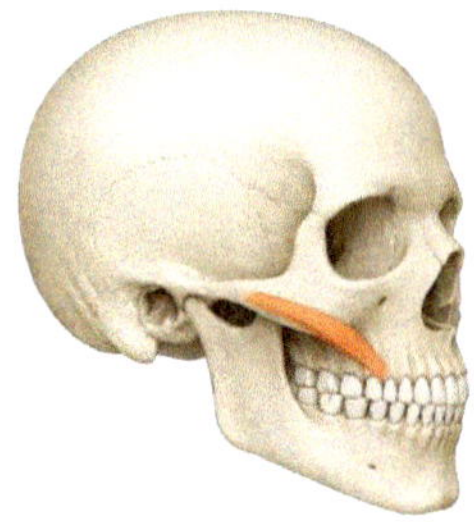

기능	윗입술을 위로 끌어올려 섬세한 미소 형성
문제	한쪽만 과도하면 웃을 때 입이 비뚤어짐
팁	'히히히' 발음 훈련 및 양쪽 입꼬리 올림 대칭 자극
촉진	광대뼈 바로 아래, 윗입술 옆 사선 위치

큰광대근(Zygomaticus Major)

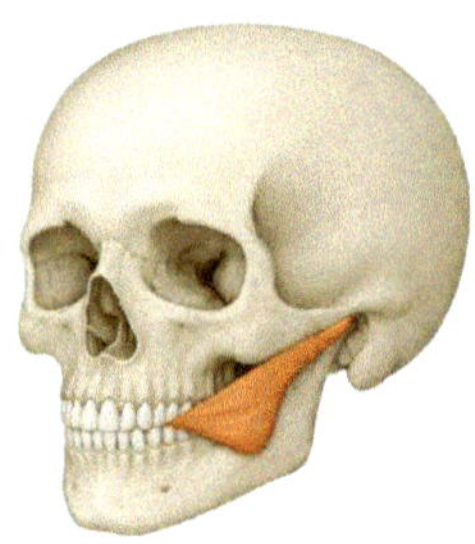

기능	- 입꼬리를 위쪽·대각선 방향으로 끌어올려 미소를 짓게 하는 주요 근육 - 웃을 때 치아를 보이게 하는 근육 중 하나
문제	- 좌우 비대칭 시 웃는 표정에서 한쪽만 웃는 미소, 비대칭 인상 유발 - 한쪽만 과도하게 사용하는 경우, 광대 근육 발달 차이 및 입꼬리 처짐 발생
팁	- 양쪽 입꼬리를 동일한 각도로 끌어올리는 훈련 → 거울을 보며 웃는 연습/입꼬리 테이핑/물리적 자극 병행 - 마사지 시, 아래에서 위로 입꼬리 방향으로 근막 이완
촉진	입꼬리에서 광대뼈 바깥쪽 방향으로 사선, 웃을 때 도드라짐 → 활짝 웃을 때 입꼬리 옆에서 단단하게 만져짐

7) 윗입술콧방울올림근(Levator Labii Superioris Alaeque Nasi)

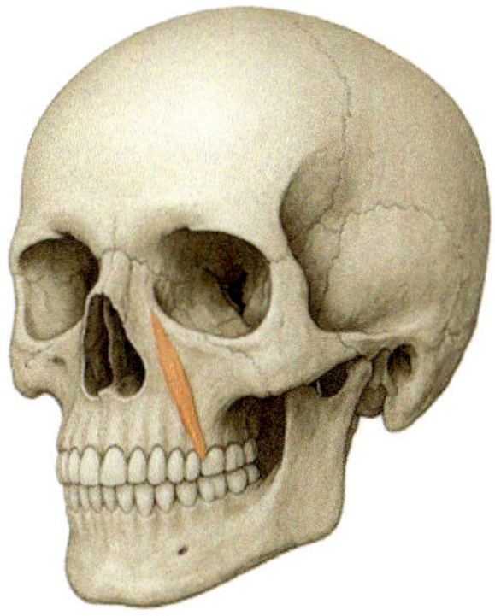

기능	콧방울을 들어 올리고 윗입술을 올림
문제	- 과활동 시 인상 강해짐 - 비대칭 시 콧구멍 크기 다름
팁	콧방울 이완 마사지, 코 옆 스트레칭
촉진	콧방울 바로 옆 세로 근육

8) 윗입술올림근(Levator Labii Superioris)

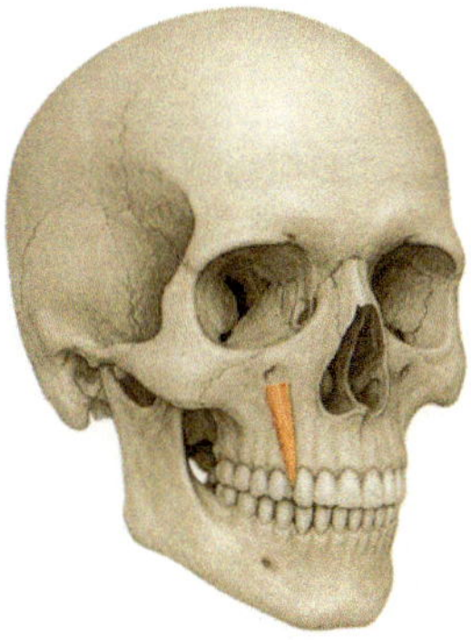

기능	윗입술만 부드럽게 위로 들어 올림
문제	비대칭 시 말할 때/웃을 때 입술 틀어짐
팁	윗입술 중간을 위로 들어 올리는 발음 운동("이~" 소리)
촉진	코 옆에서 윗입술 방향 세로 라인

9) 코비중격근(Depressor Septi Nasi)

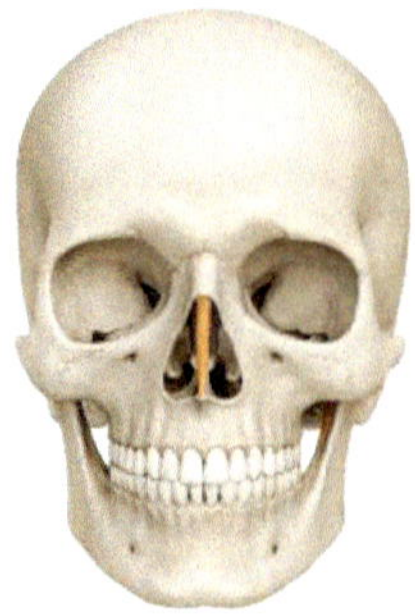

기능	코끝을 아래로 당김
문제	코끝이 늘어지거나 콧구멍 비대칭
팁	코 아래에서 위 방향으로 마사지하며 이완
촉진	콧구멍 아래 중앙 깊숙한 부위

10) 비구근(Procerus)

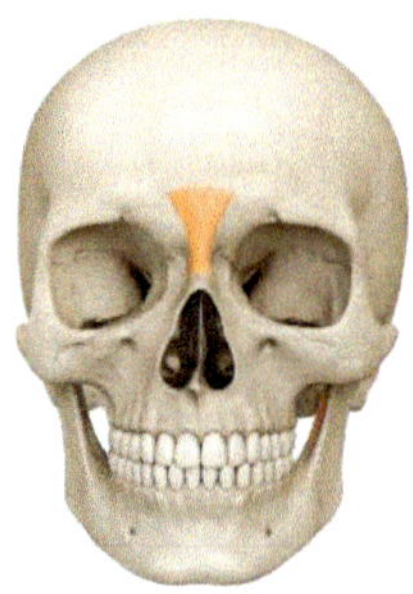

위치	눈썹 사이 미간 위쪽, 코뿌리에서 시작되어 이마 피부까지 연결
기능	눈썹을 아래로 끌어당기고 미간에 가로 주름을 생성
문제	과도한 긴장 → 미간 가로 주름 고정, 인상 어두워짐
팁	- 이완 마사지 + 미간에 보톡스 시술 많이 사용 - 손끝으로 눈썹 사이를 부드럽게 좌우로 풀어주기
촉진	미간 중앙 바로 위(손으로 눌렀을 때 묵직한 통증 유발 시점)

11) 비근근(Nasalis)

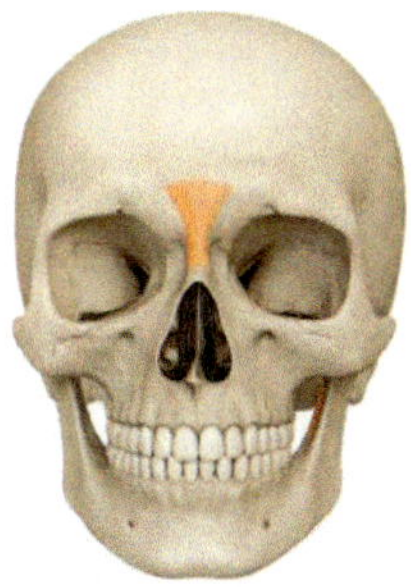

위치	코등 양옆과 콧방울 위쪽 부위에 위치한 얇고 넓은 근육
기능	- 콧방울 움직임 조절, 코 벌렁거리게 하는 역할 - 콧구멍 수축과 확장을 조절
문제	- 양쪽 비근근의 발달/비대칭 시 콧방울 비대칭 또는 코 옆 주름 유발 - 코 옆 미세 윤곽 불균형 초래 가능
팁	- 콧방울 벌렸다 좁히는 연습으로 비근근 인식 + 정렬 강화 - 시술 시 필러나 보톡스로 코 윤곽 라인 정돈 가능
촉진	콧방울 위쪽, 코 옆 부위(손끝으로 코를 좌우로 비틀 때 움직이는 부위)

12) 안륜근(Orbicularis Oculi)

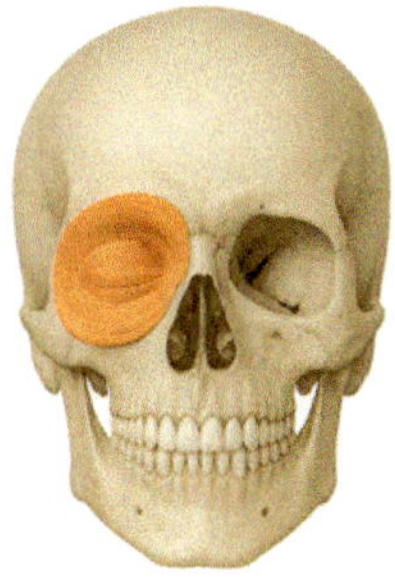

기능	눈을 감고 감정 표현
문제	과활동 시 눈가 주름, 좌우 다름
팁	눈 감고 3초 유지 후 부드럽게 뜨는 운동
촉진	눈 둘레 전체

13) 전두근(Frontalis)

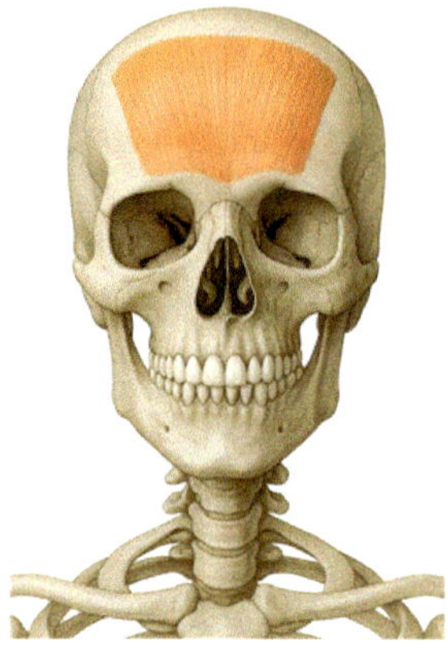

기능	눈썹 올리기, 이마 주름
문제	긴장 시 이마 주름 깊어짐, 눈썹 위치 비대칭
팁	눈썹 들어 올리는 운동 제한, 이완 마사지
촉진	이마 전면부

14) 측두근(Temporalis)

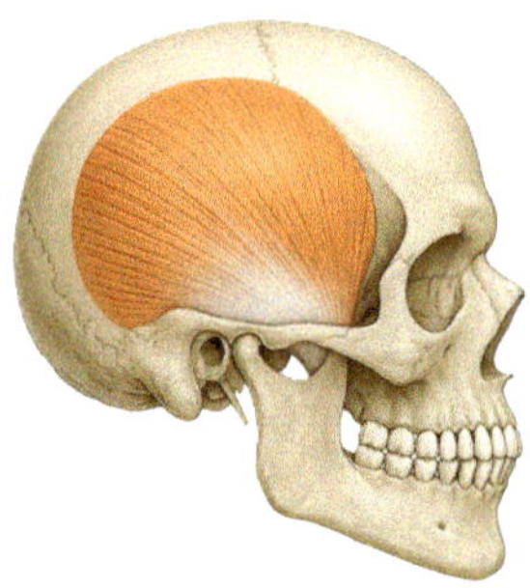

기능	턱 닫기 관여
문제	한쪽이 과발달 → 측면 비대칭
팁	"이-아" 교대로 발음하며 씹는 힘 완화 훈련
촉진	귀 위쪽 관자놀이

15) 교근(Masseter)

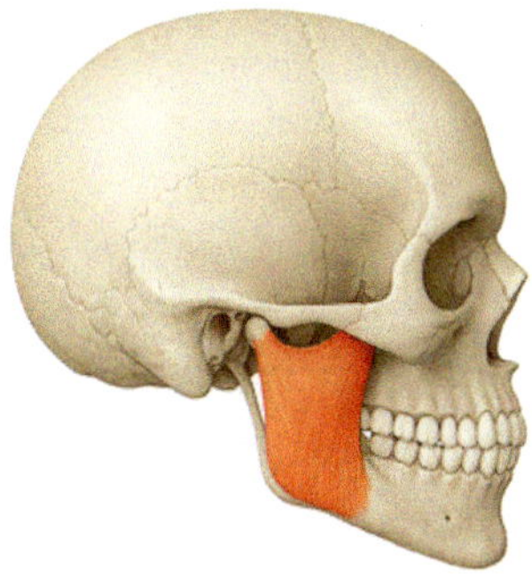

기능	턱 닫기, 씹기 주요근
문제	한쪽만 과도 사용 시 턱 비대칭, 얼굴 크기 차이
팁	껌 씹기 중지, 마사지로 이완
촉진	귀밑 턱관절 앞쪽

16) 눈썹주름근(Corrugator supercilia)

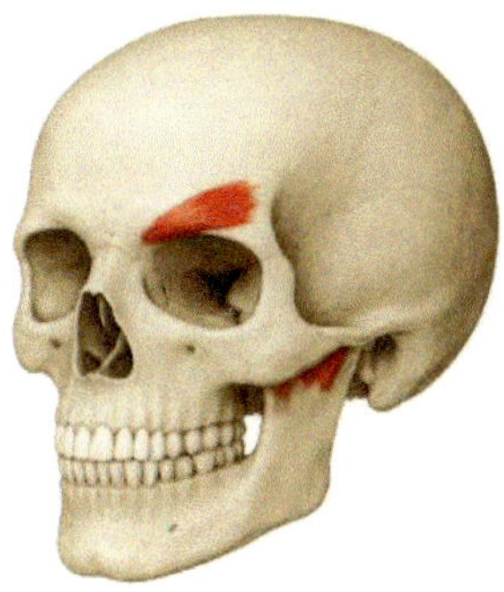

기능	눈썹 움직임 조절. 눈썹을 안쪽으로 끌어당겨 찌푸린 표정
문제	비대칭 시 이마와 눈썹 라인 다름, 눈썹 안쪽 비대칭, 화난 인상 고정화
팁	좌우 눈썹 독립 움직임 훈련, 찡그림 억제 훈련 + 헤드 마사지 병행
촉진	눈썹 위쪽 이마라인

17) 눈썹내림근(Depressor Supercilii)

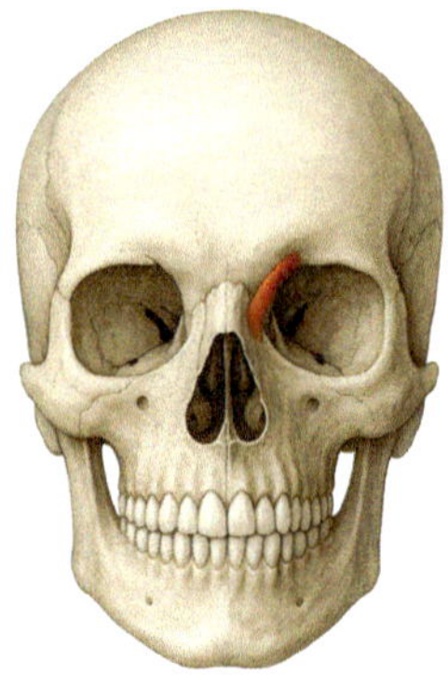

기능	- 눈썹을 아래로 당겨 찌푸린 표정 형성 - 비근근·안륜근과 함께 작용해 인상 결정에 관여
문제	- 눈썹 높이 비대칭, 미간 주름 습관화로 강한 인상 고정 - 눈썹 아래 처짐 시 답답한 눈매, 한쪽 미간 과긴장 시 표정 비대칭
팁	- 눈썹 들어 올리기 대칭 훈련(양쪽 눈썹 중앙에 손가락을 두고 천천히 위로 들기 10회) - 미간 터치 이완법(손가락으로 미간 누르며 눈썹을 올렸다 내리기) - 거울 앞 좌우 눈썹 움직임 확인 훈련(하루 3회)
촉진	- 미간 안쪽, 눈썹 아래의 뼈와 피부 사이 오목한 부위 - 손가락으로 눌렀을 때 단단한 긴장감이 느껴지는 지점

(3) 상담 언어와 루틴 설계

윤곽 관리는 단발성 효과보다 장기적 루틴 설계가 핵심이다. 상담 시 고객에게는 '왜 지금 이런 윤곽이 되었는가'를 과학적 언어로 설명할 필요가 있다.

- 고객 A: 요즘 턱선이 뭉개져 보여요.
- 나: 지금은 턱 밑 림프가 막혀있고, SCM(흉쇄유돌근)이 단축되어 턱선이 짧아 보이시는 거예요. 지방이 많아서가 아니라 구조의 문제입니다.

이러한 설명은 고객의 신뢰도를 높이고, 지속적 관리를 유도하는 데 필수적이다.

(4) 비수술 윤곽 기기 분석

에너지 기반 기기의 원리 이해는 매우 중요하다.

- RF는 진피층을 가열해 콜라겐 수축과 재생을 유도하며, 반복 자극에 효과적이다.
- HIFU는 초음파를 SMAS층까지 전달해 근막 수축을 유도한다. Kennedy et al.(2015)은 HIFU의 타이트닝 효과에 대해 명확히 기술하였다.
- 저주파는 표정근 톤 조절과 림프 순환 촉진에 효과적이다.
- 냉온 관리(크라이오 & 히트)는 부종 완화와 피부 투과도 상승에 유용하다.

기기 선택과 깊이는 고객의 피부 두께와 지방 위치에 따라 조절해야 하며, 이는 시술자의 해부학적 이해에 달려 있다.

(5) 지속성과 루틴의 설계

고객이 시술 후 만족을 느끼고, 그 결과를 오래 유지하는 핵심은 '루틴화'이다.

- 주 1~2회 림프/근막/혈점 트리트먼트 받기
- 월 1회 RF/저주파 케어 + 분기별 HIFU 또는 병원시술
- 수면/염분/자세/교근 사용 습관까지 함께 안내

사진 기록, 체크리스트 제공, 고객이 체감 가능한 언어로 루틴을 안내하는 교육은 관리 성공률을 높인다.

제6장

에스테틱 상담과 경영학

AESTHETIC
PRINCIPLES AND PRACTICE

1. 상담의 정의

에스테틱 운영에 있어 가장 기본이 되는 요소는 무엇일까?

어떠한 일을 함에 있어 요구를 하는 사람과 요구를 받아들이는 사람 간 요구하는 바와 그 요구하는 바를 정확하게 전달받고 이해한 후 서비스를 행하는 것은 상호작용에 있어 가장 큰 요소라고 생각해야 한다.

(1) 상담의 정의

상담이란 문제를 해결하거나 궁금증을 풀기 위하여 서로 의논하는 것이다.

이렇듯 상담은 나의 이익을 얻기 위한 수단이 아니라, 상대방의 문제를 이해하고 해결하기 위한 과정이다. 상대방이 겪고 있는 어려움을 파악하고, 그 문제를 어떤 방식으로 함께 해결해 나갈지 모색하며, 그동안 궁금했던 점을 해소하고 앞으로의 방향을 함께 찾아가는 것이 바로 상담이다.

(2) 에스테틱에 있어 상담이란?

에스테틱은 많은 사람들이 다양한 욕구를 가지고 그것을 충족시키고자 찾아오는 곳이다.

이렇듯 다양한 욕구를 해결해 줘야 하는 에스테티션은 일의 해결에 앞서 고객의 니즈와 목적 그리고 당장의 문제를 단계별로 나누어 판단하고 각각에 맞는 해결점을 제시해 줄 수 있어야 한다.

(3) 고객의 니즈, 목적, 기대

1) 고객의 니즈

니즈란 '필요의 인식으로부터 유발되는 소비자의 욕구'를 말한다. (출처: 우리말샘) 즉 고객이 가지고 싶은 상태를 이야기하는 것이다. 상담을 시작할 때 가장 먼저 알아봐야 하는 첫 번째는 고객의 니즈이다. 고객은 자신이 처한 상황이나 상태를 생각하지 못하고 이상적인 생각으로 쉽게 말해 '갖고 싶은' 부분에 대해 요구를 하는 경우가 많다.

니즈를 파악하는 것은 케어의 시작하기에 앞서 앞으로의 케어 진행 방향이 고객이 생각하는 니즈에 부합할지 아닐지를 구분하고 어느 정도의 시간이 걸림과 동시에 어디까지 행할 수 있는지를 명확한 답변과 방향을 제시해 주어야 추후에 일어날 수 있는 일들을 방지할 수 있기 때문에 정확한 니즈 파악이 최우선되어야 한다.

2) 고객의 목적

목적이란 '실현하려고 하는 일이나 나아가는 방향'을 말한다. (출처: 우리말샘)

즉 니즈는 고객이 바라는 방향이었다면 목적은 현실적으로 에스테틱을 찾아 해결하고자 하는 정확한 현재의 상황을 뜻한다.

3) 고객의 기대

기대란 '어떤 일이 원하는 대로 이루어지기를 바라면서 기다림'을 말한다. (출처: 우리말샘) 고객의 니즈를 파악하고 목적을 설정했다면 고객의 기대에 따라 솔루션을 정리해서 함께 고객의 니즈와 가장 근접한 부분까지 도달하도록 플랜을 짜주어야 한다. 고객은 나에게 투자한 시간과 돈에 대해 보상받기를 원하는 순간이 온다. 앞서 니즈와 목적을 정확하게 잘 설정하고 정리한다면 고객에게 기대는 앞으로 있어 케어를 유지할 수 있는 큰 원동력이 될 것이다.

(4) 상담의 중요성

이처럼 니즈·목적·기대는 상담을 통해 미리 공유되고 구체화되어야 한다. 내가 줄 수 있는 것과 고객이 얻을 수 있는 것, 그리고 함께 만들어가야 할 부분까지 상담 과정에서 명확히 이루어져야 한다. 그래야 나 혼자 일방적으로 진행하는 것도, 고객이 혼자 머릿속으로만 원하는 모습을 그리는 것도 아닌, 서로가 주고받을 수 있는 것에 대한 분명한 답을 함께 찾을 수 있다.

2. 상담의 본질

본질이란 '사물이나 현상을 성립시키는 근본적인 성질'을 일컫는다. (출처: 우리말샘)

에스테틱 상담의 본질이라 함은 무언가를 판매하기 위한 수단이나 목적이 되는 것이 아닌 내가 이루어 줄 수 있는 케어에 대한 충분한 이해를 고객에게 주어야 하는 게 상담의 가장 큰 목적이며 본질이다

(1) 고객 경험 체크

고객은 나에게 오기 전 다양한 경험을 하고 오는 경우들이 많다. 그런 고객의 경험은 나에게 있어 가장 큰 상담의 요소가 될 수 있다. 고객의 불만족스럽거나 아쉬운 경험을 세심하게 듣고 공감하며, 그 속에서 자연스럽게 니즈를 찾아 상담에 반영한다면, 고객은 과거의 불편했던 경험들이 이제는 해결될 수 있다는 믿음을 자연스럽게 갖게 된다.

(2) 불만 요소 제거와 방법 제시

고객과 상담 때 다양한 고객의 경험으로 이야기를 나누었다면 고객이 느낀 불만 요소를 어떻게 제거해 나갈 것인지부터 어떠한 방법을 활용해서 만족도를 높여줄 것인지 정확한 전달이 필요하다.

이렇듯 고객이 필요로 하는 것과 원하는 것 가지고 싶은 것을 구분해 주고 방향을 제시해 줄 수 있는 것이 상담의 가장 근본적인 본질이라 할 수 있다.

절대 상담은 세일즈를 하는 단편적인 수단이 되지 말아야 한다.

3. 고객의 만족과 불만족의 요소

(1) 고객 서비스 만족의 세 가지 요소

고객이 만족과 불만족으로 느낄 수 있는 기준의 세 가지 대표적 요소들이 있다.

환경, 시스템, 세밀함, 이 세 가지 요소를 두고 대부분의 고객들은 첫인상과 마지막 인상을 형성하고, 그 공간의 이미지를 판단하고 결정한다.

1) 서비스 환경

서비스 환경은 고객이 돈을 지불하고 서비스를 받는 공간과 전반적인 환경을 뜻한다. 서비스 금액을 정하고자 할 때 공간을 구성하는 비용이 녹아들 만큼 서비스 환경은 현재 가장 중요한 요소가 되고 있다.

2) 서비스 시스템

서비스 시스템은 서비스를 받기 전과 받고 난 후 두 가지 상황으로 나누어서 시스템화가 되어야 한다. 서비스 제공 전에는 어떤 서비스가 어떤 절차로 진행되는지를 단계별로 명확히 안내해야 한다. 서비스가 끝난 뒤에는 피드백과 만족도 점검을 통해 결과를 확인하고 필요한 후속 조치를 알려줘야 고객이 처음부터 끝까지 '나를 위한 서비스'를 받고 있다는 신뢰를 가질 수 있다.

3) 서비스 세밀함

고객이 받는 서비스는 큰 분류와 작은 분류로 나눌 수 있다.

큰 분류는 앞서 설명한 서비스 환경과 서비스 시스템을 말한다면 서비스의 완성은 작은 분류에서 완성된다. 예를 들어 상담자의 말투와 톤, 테라피스트의 손과 오일의 온도 등을 말할 수 있다. 서비스를 받을 때 고객은 작은 것에서 불편함을 찾는 경우가 많기에 아주 세세한 서비스를 잘 정리해서 이룬다면 세밀한 서비스를 만들어 나갈 수 있다.

(2) 고객의 불만족, 나와의 관계로 전환

고객이 나 또는 다른 서비스에 대한 불만을 가지고 왔다면, 그것은 오히려 관계를 긍정적으로 전환할 수 있는 기회가 될 수 있다. 고객의 불만을 들었을 때 부정하거나 변명하기보다, 불편했던 부분과 상황을 빠르게 파악하고 인정한 뒤, 개선을 위한 구체적인 해결책을 제시해야 한다. 고객은 자신의 불만이 진심으로 해결되는 경험만으로도 높은 신뢰를 느끼게 된다.

(3) 불만 고객의 해결 과정

1) 고객 감정에 공감

고객이 불만을 표현할 때는 많은 감정들 중 격양된 감정이 먼저 드러나기 마련이다. 이런 고객의 감정에 공감하며 충분히 불만이 생길 만했다는 공감 표시를 해주어야 더 큰 감정의 폭발 없이 상황을 차분하게 마무리할 수 있다.

2) 문제를 해결하고자 하는 의지 표현

고객의 의사에 공감을 했다면 빠르게 문제를 해결해 주고자 하는 의지를 고객에게 표현해야 한다. 어떤 일이든 골든타임이 있듯 문제 해결에 가장 중요한 골든타임은 공감에서 해결의사를 표현해 주는 시간에 담겨있다. 이 과정에서 시간을 지체한다면 고객은 더 큰 감정 표현을 하게 될 수 있다.

3) 문제 해결 방법 제시

의지를 표현하고 나면 고객에게 제시할 해결 방법을 정리해서 알려주어야 한다. 이때 가장 흔히 하는 실수는 해결 방법을 단정 지은 뒤 고객에게 단순히 동의 여부만 묻는 것이다. 그렇게 하면 고객은 이를 진정한 해결책으로 받아들이지 않고, 단지 빨리 끝내려는 태도로 느낄 수 있다. 따라서 문제 해결 방법은 최대한 다양한 방향으로 고객이 선택할 수 있도록 해야 한다.

4) 불만 제시에 대한 고마움 표시

불만을 해결한 후에는, 고객에게 꼭 상황을 알려준 것에 대한 고마움을 표현해 보자. 대부분의 경우 문제를 해결하고 나면 그것에서 끝나는 경우가 많다. 하지만 불만을 제시해 준 고객에게 고마움의 표현과 함께, 이 상황으로 인해 더 나은 서비스를 제공할 수 있게 되었다는 표현을 한다면 '고객과 함께 만들어가는 서비스'라는 이미지에 다가갈 수 있다. 이런 고객은 충성 고객으로 발전

할 가능성이 충분하다.

많은 기업과 업체들이 충성 고객을 확보하려 노력한다.

충성 고객은 불평이 없는 곳에서 나오지 않는다. 불만을 표현한다는 것은, 다르게 해석해 보면 그 브랜드에 대한 관심과 애정이 있다는 뜻이기도 하다. 불만 고객의 아쉬운 마음을 잘 들여다본다면 내 브랜드의 고칠 점과 부족한 점을 가장 빠르고 정확하게 파악할 수 있을 것이다.

4. 단순 고객에서 팬층으로의 전환

(1) 고정 고객의 확보

고정 고객을 확보해 놓아야 그 고객층을 팬층 고객으로 전환시킬 수 있다.

고정 고객과 팬층 고객은 겉보기에는 비슷한 듯 보이지만, 운영자에게 있어 확고한 차이가 있다. 탄탄한 운영의 기반이 되려면 단순한 고정 고객이 아니라 팬층 고객을 확보하는 것이 중요하다.

(2) 고정 고객 확보 3요소 – 목소리, 경청 & 리액션, 공감

1) 목소리

고객이 서비스를 받을 때 가장 많이 접하게 되는 것은 서비스를 해주는 상대방의 목소리와 행동이다. 이 작은 행동 하나하나가 고정 고객으로 이어지는 길이 될 수 있다. 고객은 눈과 귀로 우리의 태도와 서비스에 대한 만족도를 평가하기 때문이다.

2) 경청 & 리액션

고객은 우리의 상황 설명보다, 그 이야기를 얼마나 진심으로 이해하고 공감하려 하는지를 더 주의 깊게 본다.

3) 공감

공감은 상담의 가장 기본 중의 기본이다. 하지만 지나친 공감은 진정성을 느끼지 못하게 만들 수 있다. 공감 대신 문제를 고치려고 하는 태도가 나온다면 고객은 나와의 관계를 불편해할 것이다.

(3) VIP 고객 서비스의 진실

1) 백화점 VIP 라운지 & 5성급 호텔 서비스

각 백화점마다 기준점을 정해놓고, 그 기준에 부합하는 고객에게 특별한 서비스를 제공한다. (ex. 퍼스널 쇼퍼, 전용 라운지, 기념일 선물 등) 고객들은 이런 VIP 서비스를 받기 위해 연간 수많은 돈을 지불하고 그 혜택을 받을 수 있는 기준을 유지한다. 5성급 호텔 또한 누구나 갈 수 있는 호텔이 아닌, 퍼스널 서비스가 존재하는 곳이다.

좋은 서비스를 받는 사람은 좋은 고객이 될 줄 안다. 사람은 누구나 자신이 받는 서비스와 그 분위기에 따라 행동이 달라진다는 것을 알고 있어야 한다.

물론 예외적으로 무례한 고객도 있지만, 이는 극소수에 불과하다. 대부분의 사람들은 고급스럽고 차분한 분위기 속에서 존중받고 있다는 느낌을 받는 순간, 자신을 응대하는 상대에게 한결 너그러워진다.

2) 브랜드 전담 쇼퍼 시스템

고가의 브랜드는 상위 고객층을 위해 전담 쇼퍼를 배정한다. 에○메스, 샤○ 등 고가의 브랜드는 상위 고객층 한 명마다 전담 쇼퍼가 있어, 이들이 직접 고객을 관리하고 응대한다. 그 이유는 많은 소비를 하는 고객층에게 특별한 대우를 제공하기 위함일 뿐 아니라, 더 고가의 제품을 은밀히 1:1로 오더를 받기 위함도 있다. 상위 고객층은 백화점을 내방하지 않고도 원하는 물건을 주문하거나 다른 사람보다 미리 제품을 볼 수 있는 특별함도 부여된다. 이것이 고가 브랜드의 상위 고객층만을 위한 특별한 서비스이다.

이렇듯, 내가 운영하는 공간을 찾아주는 모든 고객에게 이러한 특별한 서비스를 반영해 보자. 고객이 '내가 받는 서비스가 특별하다'고 느낄 때, 자연스럽게 '나 역시 특별한 사람이다'라는 생각을 하게 된다. 그리고 그 순간, 고객은 더욱 적극적으로 소비를 하게 될 것이다.

5. 고객과의 단단한 관계 형성

(1) 서비스를 만드는 나의 태도에 따른 관계형성

서비스를 제공하는 사람은 그 서비스를 만드는 사람이 된다. 제공하는 사람이 어떤 마음으로 만들고 어떤 형태로 고객에게 보여주느냐에 따라 고객은 '돈을 주고 싶다'고 느낄 수도, '돈을 빼앗긴다'고 느낄 수도 있다. 그 미묘한 차이가 서비스의 성패를 가른다.

1) '돈을 벌고 싶다'는 생각으로 만든 서비스

우리가 서비스를 만들 때 가장 기본적인 베이스는 당연히 금전적인 목적일 것이다. 하지만 그 금전적인 목적만 서비스에 투영된다면 서비스의 목적은 단순히 돈이 되어 버린다.

우리가 서비스를 만들고 행하는 이유는 당연히 이득을 취하고자 하는 목적임에는 틀림없지만 내가 어딘가를 가서 돈을 쓰는 사람의 입장이 되어 다시 한번 내 서비스를 돌아보는 기회를 가져 보길 추천한다. 과연 내가 만든 서비스를 내가 고객이라면 흔쾌히 돈을 낼 수 있는가?

2) '돈을 쓰게 하고 싶다'는 생각으로 만든 서비스

서비스를 만들 때 단순해질 필요가 있다.

서비스를 주는 입장이 아닌 받는 입장이 되어 내가 만든 이 서비스가 흔쾌히 기분 좋게 쓸 수 있는 서비스인가를 질문을 던져보는 것이다.

유행을 따르거나 비싼 것이 주가 되거나 하기보다는 이 서비스를 내가 받았을 때 얼마큼의 가치를 느낄 수 있는지 여부에 따라 고객은 말 그대로 정말 흔쾌히 돈을 쓰게 될 것이다.

(2) 고객과 나의 관계: 단순한 관계보다 특별함

에스테틱을 찾는 고객들은 미의 목적도 당연히 뚜렷하겠지만 어디선가 말하지 못하는 속마음이나 고민을 털어놓을 수 있는 나만의 공간을 원하기도 한다.

내가 조금 더 고객과의 관계를 특별하게 이어가고 싶다면 소소한 이야기들도 고객과 나눌 줄 알아야 하고 그 이야기 속에서 고객은 마음의 짐을 내려놓을 수 있는 곳이라는 생각이 들어야 한다. 단순한 케어의 목적이 아니더라도 나와의 공간을 조금 더 특별한 공간으로 생각하고 여겨 투자가치를 더 높게 볼 것이다. 단순하게 예를 들자면 옛날 어머니 할머니들이 목욕탕을 일주일 내내 찾았던 이유를 생각해 보자. 그곳은 살림과 육아에 지친 그녀들의 유일한 이야기 공간이자 스트레스를 풀 수 있는 공간이었을 것이다. 조금 더 나아가 독립된 공간에서 나를 이해해 주는 누군가와 함께 소소한 이야기를 나눌 수 있다면 그것만큼 스트레스를 내려놓을 수 있는 공간이 있을까?

6. 프로와 포로의 차이

(1) 프로 vs 포로

프로와 포로의 차이란 무엇일까?

모든 현장을 운영하는 사람이라면 본인이 프로이길 바랄 것이다. 하지만 현실적으로 현장운영을 들여다보거나 고객들과의 관계에서 정면으로 바라보면 프로의 탈을 쓴 포로인 경우가 많다. 말 그대로 포로란 고객에게 얽매이고 끌려 다니는 경우가 많다는 것이다.

그렇다면 이런 일은 왜 생기는 것일까?

바로 '지식'과 그 지식을 현장에서 효과적으로 풀어내는 '능력'의 차이 때문이다.

(2) 내가 아는 지식과 나누어줄 수 있는 지식

에스테틱을 오픈한다면, 일반인보다 더 폭넓은 지식과 정보를 갖추어야 고객에게 신뢰를 주고 이익을 얻을 수 있을 것이다. 하지만 현실은 나보다 더 많은 것을 알고 오는 고객들이 점점 많아지고 있다.

고객이 잘못된 정보를 알고 이야기했을 때, 그것을 바로잡고 정리해 줄 지식과 정보, 그리고 전달력이 부족하다면 고객은 오히려 내가 틀린 것이 아니라 자신이 전문가만큼 알고 있다고 생각하게 된다. 그렇게 되면 고객은 더 이상 원장인 나를 신뢰하지 않을 것이다.

내가 가진 지식을 누군가에게 전달하고, 그 전달을 통해 고객의 마음을 바꾸어 놓으며 고객이 수긍할 수 있어야 진정한 지식 전달이라고 할 수 있다. 그러나 고객이 내가 전달하고자 하는 내용을 이해하지 못한다면, 나는 많은 이야기를 했다는 뿌듯함만 느낄 뿐, 고객은 이해하지 못한 채 의미 없는 시간을 보냈다고 느낄 것이다. 그렇다는 것은 즉, 다음 방문으로 이어질 가능성이 낮다는 뜻이다.

(3) 비유상담법

우리가 아는 지식을 전달할 때 어떤 방법들을 사용하고 있을까?

예를 들어 A대학병원 전문의와 B대학병원 전문의 두 명이 있다. 나의 상태를 둘에게 전달받는다는 상황을 전제로 설명하고자 할 때, A는 전문적인 지식과 단어들을 나열하며 내 상태는 고치기 힘들다고 이야기한다. 반면 B라는 의사는 알아듣기 쉽게 일상의 상황들과 연결지어 내가 최대한 이해하기 쉽도록, 무엇 때문에 문제가 생겼는지, 어떤 과정들이 힘들 것인지, 또 치료 과정에서 어떤 치료를 선택하면 어느 정도의 효과를 볼 수 있을지를 다방면으로 설명해 주었다고 가정해 보자.

결론은 둘 다 "고치기 힘들다"라는 결론이라면, 후자인 B를 선택하는 사람들이 더 많지 않을까 하는 생각을 해본다. 누구나 자신의 상황을 직면해야 하는 것이 사실이지만, 누군가가 그것을 어떻게 전달해 주느냐에 따라 감정과 마음이 다치고 안 다치고, 제대로 이해가 되고 안 되는 차이가 생겨날 것이라 생각된다.

사람을 만나고 손으로 온기를 전달하는 일이라면, 전달 또한 정확하고 명확해야 한다. 하지만 그 정확함 속에서도 마음을 어루만지고 살펴볼 수 있도록, 고객의 눈높이에 맞는 방식으로 설명한다면 고객도 어렵게 느끼지 않고 자연스럽게 다가올 수 있을 것이다.

7. 경영과 장사의 사이

(1) 1인 숍은 장사가 필요할까 경영이 필요할까?

경영과 장사 그 사이에서 우리는 늘 어려워하는 것 같다.

누군가는 돈을 벌기 위해선 장사를 해야 하고, 브랜드를 만들기 위해선 경영을 해야 한다고 말한다. 하지만 1인 숍을 운영하면서 '경영'이라는 단어로 나아가고 있는 원장님들이 과연 얼마나 될까 하는 생각이 든다.

우리가 비록 시작부터 거대하게 경영을 하지는 못할 것이다. 하지만 장사에서 시작해 경영으로 이어지는 그 다리를 만들기 위해서는, 장사의 시작이 경영의 출발점이라는 것은 분명하다.

(2) 큰 프랜차이즈 브랜드도 시작은 작은 가게였을 것이다

지금 우리가 마주하고 있는 대형 프랜차이즈 브랜드들도 결국 처음 시작은 작은 평수로 시작한 장사였거나, 심지어 매장 없이 시작한 곳들도 있다고 하니 무조건 브랜드 경영의 첫 시작이 거대한 시작은 아니다.

혼자서 시작해 직원이 한 명 생기고, 그 한 명이 다섯 명, 열 명으로 늘어나면서 운영 시스템이 자리 잡고 규칙이 만들어진다. 내가 하던 일을 직원들이 대신하며 점점 체계가 갖춰질 때, 그것이 바로 브랜드의 시작이다. 지금의 1인 숍은 작아 보일 수 있지만, 훗날 그것이 얼마나 큰 브랜드로 성장할지는 알 수 없다. 그렇기에 1인 숍의 작은 행동 하나, 결정 하나가 모두 브랜드를 키워가는 중요한 밑거름이 될 것이다.

(3) 내 경험을 나눌 수 있는 운영

작고 단단한 운영을 위해서는 '대표자'이기보다 '운영자'로서 먼저 시작해 보자. 대표자와 운영자는 분명히 다르다. 대표자는 실질적인 운영보다는 전반적인 경영의 틀을 움직이는 사람이라면, 운영자는 내실을 다지고 현장의 실제 움직임을 만들어가는 사람이다. 내 숍을 대표자의 시선이 아닌 운영자의 마음으로 바라본다면, 직원과 고객의 목소리에 더 깊이 귀 기울일 수 있을 것이다.

예를 들어, 문제성 피부 전문점을 운영한다고 가정해 보자. 여러 가지 트러블과 문제로 내 숍을 찾아오는 고객에게 내가 겪었던 실패와 경험을 간접 경험으로 전달할 수 있는 방법에 집중해야 한다. 내가 나눈 경험담을 통해 고객은 돌아가는 길이 아닌, 마치 고속도로를 타듯 시행착오 없는 성공의 길로 나아갈 수 있다. 그렇다면 고객이 굳이 다른 곳이 아닌 '우리 숍'을 찾아야 하는 이유가 명확해지지 않을까?

만약 대표자의 시선으로만 운영한다면, 현장에서 고객과 직접 소통하며 이런 전달 방식을 활용하기가 쉽지 않을 것이다. 내 고객은 나의 경험을 통해 조금 더 나은 결과를 얻을 수 있어야 한다.

8. 직원이 있어야 경영이 가능하다

직원은 도구가 아니다. 함께 성장할 수 있는 구조를 만들어야 한다.

1인 숍으로 만족하며 운영할 수 있다면 직원은 굳이 필요하지 않을 수도 있다. 하지만 지금의 숍을 더 크게 키우거나, 미래에 브랜드로 성장시키고 싶다면 절대 없어서는 안 될 존재가 바로 직원이다. 1인 숍은 일정 시점이 되면 고정 고객의 한계에 부딪히게 된다. 그 한계를 넘어설 수 있는 가장 현실적인 방법은 직원 채용이다. 그러나 1인 숍에서 다인 숍으로 전환되는 순간, 많은 원장들이 실패를 경험한다. 혼자서 운영하던 시스템을 직원에게 그대로 강요하거나, 직원이 생겼음에도 운영 체계가 전혀 달라지지 않는다면, 직원은 자신이 단순히 돈을 벌기 위한 도구로만 여겨지고 만다. 그렇게 되면 자신의 성장은 없다고 느끼며, 결국 나와 함께 일하고자 하는 마음도 사라지게 될 것이다.

"경영에 가능한 한 모든 사원을 참여시킨다. 자신도 참여하고 있다고 느끼면 사원의 일하는 태도는 달라진다."

- 고바야지 마사히로(홀론시스템 대표이사) -

고정 고객을 확보하고, 이제 직원을 충원해 더 큰 브랜드로 성장시키고자 한다면 앞으로의 직원은 나에게 가장 중요한 성공 요소가 될 것이다. 단순히 일하고 돈만 버는 공간이 아니라, 내가 생각하고 시도한 것들이 일터의 발전으로 이어지고 그 안에 자신이 기여한 부분이 있다고 느낄 수 있다면, 직원은 쉽게 이곳을 떠나고자 하지 않을 것이다.

원장은 직원을 위해 든든하게 서포트해 줄 수 있는 존재여야 한다. 직원이 이런 마음가짐으로 고객을 맞이하고 케어한다면, 원장이 자리를 비운 상황에서도 고객은 직원들의 진심을 통해 충분한 만족과 신뢰를 느낄 것이다. 그렇게 만들어진 구조 속에서 비로소 '경영'으로 나아갈 수 있는 길이 열린다.

9. 대체 불가

(1) 나만이 할 수 있는 대체 불가 색깔 만들기

요즘은 에스테틱 시장도 유행이라는 것이 분명하다. 그만큼 유행하는 케어나 제품을 사용하는 곳이 늘어나고, 고객들 또한 유행에 대해 이야기하는 경우가 많아지고 있다. 하지만 생각을 조금 바꿔보자. 누구나 하는 유행이 아니라, 아무도 하지 못하고 나만이 할 수 있는 색깔의 케어라면 고객들의 선택은 어디로 향할까?

고객의 심리는 단순하다. 어디에서도 경험하지 못한 것을 내가 다니는 곳에서 경험하게 된다면,

그곳을 쉽게 떠날 수 없게 된다. 왜냐하면 이곳이 아니면 그 감도와 경험을 느낄 수 없기 때문이다.

그렇다면 에스테틱 운영에서 '대체 불가' 요소는 무엇일까?

가장 큰 대체 불가 요소는 바로 원장님 본인의 손기술이다. 기기 관리나 제품 관리는 누구나 다양한 방법으로 활용할 수 있지만, 손기술만큼은 다르다. 같은 동작을 똑같이 따라 해도 사람마다 손끝에서 느껴지는 감각은 모두 다르다. 그 손의 느낌으로 고객은 자신에게 맞는 숍을 선택하고, 결국 그 차이가 대체 불가를 만든다.

(2) 유행보다는 기본을 중시하자

유행이라는 것은 어느 순간 모두가 접하고 나면 금세 지루해지기 마련이고, 결국 지나가는 시기가 생긴다. 하지만 '기본'은 유행이 될 수 없다. 기본이 베이스가 되지 않는다면 유행조차 만들어질 수 없기 때문이다.

하지만 SNS가 발달하고, 너도나도 정보를 쉽게 얻게 된 지금의 시대는 기본이 사라지고 유행이 앞서기 시작한 지 오래다.

기본이 무너지기 시작하면 피부도, 몸도, 결국 모든 것이 틀어지기 마련이다. 그리고 그 틀어진 것을 바로잡기 위해 다시금 '웰니스'가 주목받고, 기본의 가치와 중요성이 떠오르기 시작한 것이다.

기본이 바로잡혀야 무엇을 하더라도 더 나은 결과를 만들어낼 수 있다.

10. 가성비, 가심비, 가시비

(1) 가성비

가성비란 '가격 대비 성능의 비율'이라는 뜻 그대로, 고객이 우리 숍에서 케어를 받고 난 후 지불한 금액보다 서비스의 질이 더 높다고 느낄 때 비로소 완성된다. 즉, '가격 대비 너무 좋았다'는 말을 들을 수 있다면 그 자체로 가성비에 성공한 셈이다.

가성비의 대표적인 브랜드로는 '다○소'를 떠올릴 수 있다. 누구나 아는 이름이고, 누구나 같은 이미지를 떠올리는 브랜드다. 가성비 좋은 제품을 찾을 때 가장 먼저 생각나는 곳, 저렴한 가격에 다양한 제품을 접할 수 있어 꾸준히 많은 고객들의 수요가 이어지는 곳이기도 하다.

(2) 가심비

가심비란 '가격 대비 심리적 만족의 비율'이란 뜻이다. 가성비와 더불어 내가 머문 공간 안에서 서비스의 만족도뿐만 아니라 심리적인 안정감까지 함께 느꼈을 때 비로소 높다고 말할 수 있다. 즉, 단순히 '가격 대비 좋았다'가 아니라 '마음까지 만족스러웠다'는 감정을 주는 것이다.

가심비의 대표적인 브랜드로는 '무인○품'을 들 수 있다. 저가와 고가의 중간 지점에서, 고객이 구매했을 때 외관과 감도에서 주는 만족도가 높고, 제품력 또한 가격 대비 우수하다. 그래서 단순한 가성비를 넘어, '조금 더 나은 만족'을 원하는 소비자들에게 꾸준히 사랑받는 브랜드다.

(3) 가시비

가시비란 '가격 대비 시간의 비율'이란 뜻으로, 시간을 절약해 주는 소비 트렌드를 의미한다. 즉, 이제는 가성비와 가심비는 물론 바쁜 일상 속에서 나의 시간을 아껴주며 만족도까지 높일 수 있는 '가시비'까지 충족해야 현대의 소비 트렌드에 부합한다고 볼 수 있다.

가시비를 중시하는 대표적인 브랜드로는 '자○'가 있다. 이 브랜드는 앞서 말한 두 브랜드에 비해 더욱 다양한 제품군을, 합리적인 가격으로 한 공간 안에서 소비할 수 있도록 구성되어 있다. 시간, 제품력, 가치 등 여러 요소를 중요하게 여기는 요즘 소비자들의 트렌드에 '편리함'이라는 요소를 더해, 가시비를 한층 높인 브랜드라 할 수 있다.

(4) 내 숍은 어떤 방향을 추구하는 숍일까?

숍을 운영한다고 하면, 먼저 어떠한 목표와 방향성을 가지고 운영할 것인지를 명확히 정해야 한다.

저렴한 가격으로 많은 고객이 쉽게 접할 수 있는 가성비를 내세울 것인지, 호텔 스파보다는 저렴하지만 서비스 질은 높이는 스파 콘셉트의 가심비를 내세울 것인지, 혹은 운동과 식단 없이도 다이어트를 빠른 시간 안에 성공시켜 주거나, 느슨해진 피부에 힘을 주어 수술이나 시술 없이도 빠르게 리프팅 효과를 제공하는 시간 절약형 케어를 내세울 것인지 등 다양한 방향을 고려해야 한다.

중요한 것은, 내가 운영하고자 하는 숍이 추구하는 성향과 목표를 정확히 파악하고 그에 맞는 콘셉트를 잡는 것이다. 그래야 원하는 바가 뚜렷한 고객을 만날 수 있으며, 고객과 나 모두가 만족할 수 있는 양방향의 운영이 가능해진다.

11. 브랜딩 or 마케팅

브랜딩과 마케팅, 어느 것이 먼저일까?

(1) 브랜딩이란?

브랜딩이란 마케팅의 시작이다.

누군가가 내가 운영하는 브랜드를 봤을 때, 확고하게 전달하고자 하는 브랜드의 아이덴티티를 몇 줄만으로도 이해할 수 있어야 하며, 누구나 내 브랜드의 콘셉트를 이해할 수 있어야 브랜딩에 성공했다고 할 수 있다.

브랜딩은 단순히 이름을 짓고 로고를 만드는 것이 아니라, 내 브랜드를 바라보는 사람들에게 어떤 의미를 가지고 운영하는지 전달될 수 있어야 성공이다.

수많은 사람들이 브랜딩 없이 마케팅만 하고자 하거나, 브랜딩이 결여된 마케팅만 시도하는 경우가 많다. 그러나 브랜딩은 생각보다 거창하지 않고, 사실 거창할 필요도 없다.

어떤 목적을 가진 고객이 내 숍을 방문했으면 좋겠는지를 먼저 생각하고, 그에 맞춰 SNS를 꾸며나가보자. 하나둘 고객이 모이기 시작하면, 그 사람들을 통해 내 숍의 콘셉트는 점점 명확해지고, 숍을 바라보는 사람들도 내가 전달하고자 하는 콘셉트를 자연스럽게 이해하게 될 것이다.

(2) 마케팅이란?

마케팅은 말 그대로 사람들에게 내 공간을 널리 알리는 시작이다.

내가 내 숍의 콘셉트나 방향을 30초 안에 대답할 수 있다면, 그때 마케팅으로 이어가도 된다. 브랜딩이 내실을 다지고 속을 채워나가는 과정이라면, 마케팅은 이제 단단해진 내실을 보여주는 과정이라고 생각하면 된다.

마케팅을 시작하기 전에는 내 숍의 성격과 잘 맞는 홍보 채널을 선택하고, 일관된 방향성을 갖춘 단일화된 마케팅을 진행해야 한다. 그래야 내 숍을 찾는 손님층과 성향이 잘 맞는 고객들이 자연스럽게 모이기 시작할 것이다.

12. 가고 싶은 숍 만들기

'가고 싶은 숍이란 어떤 곳일까?'라는 질문을 10명에게 던졌을 때, 5명 이상은 인테리어나 위치, 가격 등을 이야기할 것이다. 하지만 내가 생각하는 '가고 싶은 숍'의 기준은, 그곳을 찾은 고객이 편안함을 느끼고 필요한 부분을 채워갈 수 있으며, 힘들거나 아플 때 자연스럽게 떠오르는 곳이어야 한다는 것이다.

대부분 화려하고 다양한 곳은 지치거나 힘들 때 생각나지 않는다. 단순히 생각날 때 찾는 곳일 뿐이다. 그러나 지치고 힘들 때 머릿속에 떠오르는 공간이라면, 그곳은 무조건 찾게 되는 공간이 될 것이다.

에스테틱도 마찬가지다. 예전에는 단순히 미의 목적을 위해 찾는 곳이었다면, 이제는 쉬어가는 공간이나 스트레스를 낮출 수 있는 공간으로 자리매김하고 있다.

이제 웰니스라는 단어는 에스테틱이나 스파에서 떼어놓을 수 없는 요소가 되었으며, 사람들은 앞으로 더 많이 자신을 위해 쉴 수 있는 공간을 찾아 나설 것이다.

유행이나 제품에 의존하기보다는, 에스테틱이나 스파의 본질에 대해 고민하고 그 기본을 지킬 방법을 모색하는 것이 중요하다. 그 방법은 '대체 불가한 존재'가 되는 것이며, 그러한 생각을 가지고 숍을 운영해 나간다면, 생각을 조금 더 명확하고 단순하게 이어나갈 수 있을 것이다.

참고 문헌

김귀정 외. *미용경락.* 수문사, 2007.

김종만. *움직임 이해를 위한 기능해부학.* 학지사메디컬, 2020.

김희진. “에스테틱에 영향을 미치는 근육학에 관한 고찰”, *한국인체미용예술학회지* 제2권 제2호 (2001): 189-205.

로이 밀스. *우리는 어떻게 움직이는가.* 해나무, 2024.

무라카미 도오루. *소설처럼 재미있게 읽는 해부학 강의.* 시그마북스, 2024.

미즈시마 아키히코. *인체 해부 도감.* 시그마북스, 2022.

사이토 아키히코. *뼈 관절 인대 신경 혈관 촉진술의 기본.* 성안당, 2022.

우에하라 다케시. *스포츠의학이 쉬워지는 해부학 도감.* 현익출판, 2024.

이케다 마사카즈. *황제내경(상): 소문.* 청홍, 2003.

이수연. *한 손에 잡히는 표면해부학.* 한솔의학서적, 2022.

정영애, 강근영, 김정숙, 서승희, 최미옥, 최성임. *미용경락.* 메디시언, 2015.

정진우. *그림으로 보는 근골격 해부학.* 대학서림, 2025.

최문기. *내 몸 지키는 셀프 테라피.* 피비미디어콘텐츠, 2022.

키마타 료. *세상에서 가장 알기 쉬운 근육연결도감.* 중앙북스, 2024.

켄 에슈웰. *인체 해부학 대백과.* 보누스, 2023.

TSUCHIYA Mahito. *자세와 동작을 이해하는 움직임 해부학.* 신흥메드싸이언스, 2021.

후세 마사오. *경락·경혈 치료 교과서.* 보누스, 2024.

후지나와 오사무. *근육과 골격의 촉진술의 기본.* 성안당, 2021.